Study on marshy and lacustrine soft soil in Hengshui Lake

衡水湖湿地湖泊相软土研究

刘春原　王向会　著

人民交通出版社股份有限公司
China Communications Press Co.,Ltd.

内 容 提 要

衡水湖湿地湖泊地区分布的软土，由于特殊环境气候条件的影响和地形地质条件的复杂性，具有其独特的特点。本书对湿地湖泊相软土的工程特性以及微观力学特征进行了详细的研究。首先分析了湿地湖泊相软土与其他地区软土的差异，并研究了湿地湖泊相软土的结构特性，根据相关试验成果的分析，提出湿地湖泊相软土应力应变影响因素；其次，对湿地湖泊相软土进行了三轴流变试验研究，得出了湿地湖泊相软土在固结排水条件下的蠕变特性；同时，采用电镜扫描（SEM）测试技术，对在不同应力状态下湿地湖泊相软土的微观结构特征进行了观测，分析不同应力状态下湿地湖泊相软土的微观结构特征，揭示了不同应力状态下各微结构参数随应力的变化规律；然后，运用颗粒流程序 PFC 对标准固结试验和常规三轴试验进行了仿真模拟，建立了湿地湖泊相软土的微结构本构模型。

本书内容翔实具体，图文并茂，概念清晰，可供土建、水利、交通、铁道等土木建筑工程领域，特别是从事高速公路软基设计、施工、科研、管理的工程技术人员及高等院校相关专业师生参考。

图书在版编目(CIP)数据

衡水湖湿地湖泊相软土研究 / 刘春原，王向会著. — 北京 ：人民交通出版社股份有限公司，2016.3

ISBN 978-7-114-12731-1

Ⅰ.①衡… Ⅱ.①刘… ②王… Ⅲ.①湖泊—沼泽化地—软土—研究—衡水市 Ⅳ.①P642.13

中国版本图书馆 CIP 数据核字(2016)第 007484 号

书　　名：**衡水湖湿地湖泊相软土研究**
著 作 者：刘春原　王向会
责任编辑：刘永芬
出版发行：人民交通出版社股份有限公司
地　　址：(100011)北京市朝阳区安定门外外馆斜街 3 号
网　　址：http://www.ccpress.com.cn
销售电话：(010)59757973
总 经 销：人民交通出版社股份有限公司
经　　销：各地新华书店
印　　刷：北京鑫正大印刷有限公司
开　　本：787×1092　1/16
印　　张：10
字　　数：230 千
版　　次：2016 年 3 月　第 1 版
印　　次：2016 年 3 月　第 1 次印刷
书　　号：ISBN 978-7-114-12731-1
定　　价：40.00 元
（有印刷、装订质量问题的图书由本公司负责调换）

前　言

软土具有天然含水率高、孔隙比大、压缩性高、强度低等特点，并具有结构复杂性，在软土地基上修建构筑物面临稳定及沉降控制等问题。软土特性直接决定着地基处理方法的合理选择及施工进度和质量。

与东部沿海平原地区广泛分布的软土相比，衡水湖湿地湖泊相软土具有其自身的特点。我国沿海诸省，除去山东省部分地段外，大部分为泥质海岸，土层为淤泥、淤泥质黏土及淤泥混砂层，属于饱和压密黏土，这类软土地基的处理，经过多年工程实践和经验积累，国内已取得了较为成熟的成果。由于平原湖泊湿地地区特殊环境气候的影响和地形地质条件的复杂性，修建高速公路需要在借鉴公路软基处理一般方法的基础上，开发新的软基处理技术，进行进一步研究，确保处治方法的适用性、科学性。

本研究依托河北邢衡高速公路项目，对湿地湖泊相软土的沉积环境、成因类型、物质组成以及工程特性进行了详细分析，对湿地湖泊相软土的结构特性、流变特性、微观结构参数及力学特征、分形特征进行了研究。

本书共10章内容，首先，从地质成因、地质分布评价、颗粒级配、矿物成分等方面分析了湿地湖泊相软土区别于其他地区软土的原因；其次，通过室内固结压缩试验、三轴剪切试验以及无侧限抗压试验，研究了湿地湖泊相软土在不同受力状态下的结构屈服应力，根据试验成果的对比分析提出湿地湖泊相软土应力应变的影响因素；然后，为模拟工程上的真空堆载联合预压技术，对湿地湖泊相软土进行三轴流变试验研究，得出了湿地湖泊相软土在固结排水条件下的蠕变特性；然后，采用电镜扫描(SEM)测试技术，对在不同应力状态下湿地湖泊相软土的水平截面和垂直截面微观结构特征进行了观测，分析不同应力状态下湿地湖泊相软土的微观结构特征，利用 Leica QWin5000 图像处理系统对湿地湖泊相软土微观结构的参量进行提取与定量分析，揭示了不同应力状态下各自微结构参数随应力的变化规律，从而提出上体发生宏观变形的微观机制；最后，运用分形理论对湿地湖泊相软土的微观结构进行了深入分析，利用 Matlab 语言编写程序，对土体微观结构图片进行了平面分维计算，分析不同应力状态下试验土体微观结构的分形特征。

本研究中，运用颗粒流程序 PFC 对标准固结试验和常规三轴试验进行了仿真模拟，得出了应力应变曲线，通过将数值模拟结果与实测试验结果对比，发现 PFC 内置接触本构模型能够在一定程度上反映出实际土样的本构关系。

基于目前工程中常用的本构模型，本研究建立了软土的微结构本构模型。假设软土颗粒接触面上的屈服准则服从以莫尔库伦准则为基础的弹塑性准则。弹性部分通过赫兹麦德林准则求出，塑性部分通过引入一个锥状屈服面反映其特性。通过“优化假设方法”实现微观颗粒接触面上的位移到宏观应变的转化，再通过能量守恒的方法实现微观接触面上的力到宏观应力的转化。再运用标准固结试验和常规三轴试验数据对本构模型进行了验证，所得的模型可以在微观层面描述出土体的宏观本构关系，模型计算得出的结果与试验实测数据相比对以表明其一致性。

参加本书编写的单位及人员有：河北工业大学刘春原、李杰、李镶涧、朱楠，河北省高速公路邢衡筹建处王向会、马文栋、岳建东、白志军，中星路桥工程有限公司张旭、王国正、单建坤等。其中第 1 章和第 10 章由刘春原、王向会编写，第 2 章由李杰、马文栋、岳建东编写，第 3 章由李镶涧、白志军编写，第 4 章由王向会、朱楠编写，第 5 章由马文栋、李镶涧编写，第 6 章由岳建东、李杰编写，第 7 章由白志军编写，第 8 章由张旭编写，第 9 章由王国正、单建坤编写，全书由刘春原统稿，朱楠博士对全书文稿进行校对和编辑。

本书的研究成果得到了河北省科学技术厅、河北省交通运输厅及河北省住房与城乡建设厅科技计划项目的资助，在此表示衷心的感谢。

感谢河北省高速公路邢衡筹建处、河北省建筑科学研究院、河北省交通规划设计院、衡水第三水文地质大队、中星路桥工程有限公司等单位提供的宝贵资料，特别是中星路桥工程有限公司在本课题实体实施过程中给予了积极协调、配合和支持。

由于作者水平有限，书中疏漏和不当之处在所难免，敬请读者批评指正。

最后，对参考文献的作者和相关网站，致以衷心的感谢。

作　者

2015 年 9 月于河北工业大学

目　录

第1章 概 述

1.1 我国湖泊相软土的分布及其特征

湖泊沉积软土主要包括湖泊相软土和三角洲相软土。湖泊相沉积土比较复杂，其成分变化较大。在湖边沉积土颗粒较粗，在近岸带沉积多数是粗颗粒的卵石、圆砾和砂土，在远岸带沉积的是细颗粒的砂土和黏性土，在湖中心区沉积的是黏土和淤泥，常夹有细砂、粉砂薄层，湖泊如果逐渐淤塞，则可演变成沼泽，形成沼泽沉积物。沼泽沉积土主要是由半腐烂的植物残余体组成。泥炭土含水率极高，渗透性差，压缩性高，抗剪强度很低。湖泊相沉积软土主要由淡水湖盆沉积物形成，在稳定的湖水期逐渐沉积，沉积相带有季节性，表层硬质，厚 0～5m，淤积厚度一般为 5～25m。

内陆湖泊相沉积软土多分布于我国南部地区，在北部华北平原等地也有分布，主要分布于长江中下游地区、黄河下游、华北平原和云贵高原等地区。我国东南部地区气候湿润、雨量充沛、水系发达，容易在内陆湖泊周围地区形成湖泊相沉积软土，主要分布在洞庭湖、洪泽湖、太湖、鄱阳湖、昆明滇池、山东济宁南四湖、武汉新区的墨水湖和太子湖（武汉所在的江汉平原，多湖泊）、黄石花马湖、云南省枸麓湖和大理洱海、苏州阳澄湖、长江以南都阳湖、合肥巢湖等地。而在我国北部华北平原地区，由于在早期有古湖泊的存在，因此在华北平原南部形成了平原湖泊相软土的分布。

不同地区的湖泊相软土，由于其周边环境和形成的地质气候条件不同，其物理力学性质也有很大的差别，造成了在不同地区的湖泊相软土其工程特性有很大的不同。根据我国内陆湖泊相软土的分布情况，按软土分布的地理位置可以将我国的内陆平原湖泊相软土按地区进行归类，包括长江下游地区、长江中游、云贵高原地区、黄河下游地区以及华北平原地区。

1.1.1 长江下游地区[1-4]

1.1.1.1 太湖平原软土

太湖软土主要分布于长江三角洲东南缘太湖水网平原上，太湖平原主要由冲积、湖积作用形成，地势平坦开阔。软土为第四纪全新统湖积软土，自第四纪以来，地层运动以沉降为主，广泛接受堆积，形成广阔的冲湖积、湖积平原地貌。

太湖平原软土主要由淤泥、淤泥质粉质黏土、黏土、粉质黏土等组成，夹腐植物。软土分布范围广，厚度变化较大，埋深浅，近地表分布。太湖软土层呈厚层板状连续分布，形态规整，厚度无明显变化，底板平整，土质均匀，主要为淤泥质亚黏土，普遍混少量粉砂。软土及松软土厚

2～17m，主要为淤泥质黏土、粉质黏土，软黏性土，深灰色，多夹薄层粉砂，局部地段在第四系上更新统以下存在一层软黏土、粉质黏土。表层常有厚 0.5～3.0m 硬壳，为黏土，硬～软塑，局部地段厚达 10m 左右。湖相成因的软土以淤泥质亚黏土为主，深灰色，流塑，含少量腐植物，局部夹有薄层粉砂，具高压缩性、低强度的特点，且大多数灵敏度超过 16，为流动黏土，具高触变性，分布范围广泛，厚 3.2～16.5m。

太湖软土的天然密度在 17.85g/cm^3 左右，天然含水率平均为 40%左右，孔隙比平均 1.10 左右，泊松比 0.36，土的相对密度 2.74，低液限（平均 35%左右），塑性指数平均 15，液性指数平均 1.3，低抗剪强度。由三轴不固结不排水剪切试验的结果可知：黏聚力在 18～22kPa，内摩擦角 7.9°～9.7°，十字板试验原状土抗剪强度 10.13～12.71kPa，重塑土抗剪强度 6.1～7.7kPa，灵敏度 1.6 左右，压缩模量 3.2MPa 左右。太湖平原湖相软土具有压缩性高、承载力低、高灵敏度、高触变性、流变性等特征，总体土质较均匀，工程力学性质差。软土层分布范围广，厚度大，顶板一般无硬壳层，底板时有亚砂土层分布，软土层中亦有亚砂土透镜状夹层，相比而言，其上下层透水性较好。

太湖软土的物理力学指标如表 1-1～表 1-4 所示。

各土层主要物理力学指标 表 1-1

取样深度（m）	天然含水率 w(%)	天然密度 ρ(g/cm^3)	孔隙比 e	液限 w_L(%)	塑性指数 I_P
2.3～2.6	37.0	1.83	1.05	36.20	17.90
4.3～4.6	53.1	1.68	1.50	41.30	18.30
6.3～20.6	42.1	1.75	1.21	31.10	12.20

软土层物理力学指标表 表 1-2

代表性路段	天然含水率 w(%)	天然密度 ρ(g/cm^3)	孔隙比 e	液限 w_L(%)	塑性指数 I_P	液性指数 I_L	直剪黏聚力 c_q(kPa)
堆积阶地路段、通济河路段	32～77.4 (55.9)	1.53～1.89 (1.69)	0.893～2.177 (1.568)	30.7～63.7 (47.9)	11.7～34.8 (23.7)	0.98～3.53 (1.35)	7～32 (14)
薛埠河路段、中河路段	32.6～71.2 (39.7)	1.60～1.89 (1.81)	0.906～1.932 (1.109)	29.6～56.2 (36.1)	10.1～29.5 (15.2)	0.86～1.67 (1.26)	7～27 (17)
代表性路段	直剪内摩擦角 φ_q(°)	固快黏聚力 c_{cu}(kPa)	固快内摩擦角 φ_{cu}(°)	无侧限抗压强度 q_u(kPa)	压缩系数 $a_{1\text{-}2}$(MPa^{-1})	压缩模量 $E_{s1\text{-}2}$(MPa)	标贯击数 N(次)
堆积阶地路段、通济河路段	1.1～13.2 (3.4)	8～18 (13)	2.3～7.5 (5.4)	13.1～60.8 (37.2)	0.44～2.61 (1.3)	1.17～7.09 (2.09)	2～4 (3)
薛埠河路段、中河路段	1～16 (4.4)	10～28 (17)	1.4～21.2 (7.4)	42.5 (42.5)	0.41～2.37 (0.65)	1.41～9.3 (4.08)	1～6 (3)

软土物理力学参数 表 1-3

重度 γ(kN/m^3)	天然含水率 w(%)	相对密度 G_s	塑性指数 I_P	液性指数 I_L	孔隙比 e	压缩模量 $E_{s1\text{-}2}$(MPa)	泊松比 μ	黏聚力 c(kPa)	内摩擦角 φ(°)
17.85	46.54	2.74	21.46	1.04	1.19	3.12	0.36	10.03	8.54

太湖湖积平原沉积软土及松软土主要物理力学指标 表 1-4

地层编号	地层岩性	天然含水率 w(%)	天然密度 ρ (g/cm³)	孔隙比 e	压缩系数 a_{1-2} (MPa⁻¹)	直接快剪		固结快剪		固结系数	
						黏聚力 c_q(kPa)	内摩擦角 φ_q(°)	黏聚力 c_{cu}(kPa)	内摩擦角 φ_{cu}(°)	C_v(10^{-3} cm²/s)	C_h(10^{-3} cm²/s)
1	黏土、粉质黏土	22.1～28.4	19.1～20.8	0.61～0.85	0.15～0.20	19.0～26.0	8.8～20.9			6.759～9.590	8.253～11.02
2	淤泥质粉质黏土、淤泥质黏土	28.5～46.4	17.9～19.5	0.88～1.15	0.40～0.86	5.0～16.0	3.4～4.1	7.8～14.7	16.2～24.2	1.022～3.190	0.869～4.22
3	粉质黏土	27.5～32.8	19.0～20.1	0.83～0.98	0.31～0.48	8～14	6.1～19.9	9.0～16.0	23.1～35.4	9.26	13.23
4	粉砂、黏土	23.7～27.4	20.0～20.3	0.65～0.68	0.23～0.26	36.2～41.0	5.3～7.2	38.0～45.3	9.8～18.6		

1.1.1.2 巢湖软土[5-6]

合肥滨湖新区位于合肥盆地东南部，巢湖之北侧，属于长江流域，区内天然河流较多，主要河流有南淝河、十五里河、派河等，支流众多，均通过巢湖流入长江。巢湖地区受晚近地质时期新构造运动和地表外力共同作用影响，第四纪全新世流水侵蚀、堆积作用形成了河湖的发育地貌。巢湖地区受河流地质作用的影响，长期的湖相地质作用形成了复杂的第四纪沉积层，厚度约为 10m，土层大多为含水丰富的淤泥或淤泥质黏土。

巢湖地区地基土均为第四纪松散沉积物，厚 50～80m，其中低及高液限黏土（淤泥层）厚度 12～46m，地面高程为 5.0～6.5m。其中，低及高液限黏土（淤泥及淤泥质土层）为近代湖相沉积层，并受河流地区地质作用的影响，颜色为灰色、灰绿及灰褐色，具滑感和臭味，富含有机质，饱和至过饱和，一般具有微层理，厚度 12～46m，呈软塑～流塑状态，局部地带夹薄砂层透镜体，为高压缩层。

巢湖地区软土具有如下特点：天然含水率高、孔隙比大；软土的黏聚力小，抗剪强度低；固结系数小；渗透性差；压缩系数大，压缩模量小，其物理力学指标同其他地区的软土相比具有较大不同；天然含水率高，平均在 40%左右，且均大于或等于其液限值，大部分土样的天然含水率超过其液限值 2%左右。天然状态下软土的液性指数在 1.02～1.06，土体长期处于流塑状态。软土饱和度大多在 90%以上，基本属于饱和土。初始孔隙比大多在 1.1～1.2，其均值大于 1.0。软土平均压缩系数为 0.85MPa⁻¹，平均压缩模量为 3.3MPa 左右，属于高压缩土，土的工后沉降较大。土体的黏聚力一般在 6～11kPa，内摩擦角也较小，在 3°左右，从而决定了地基承载力低、稳定性差的特性。

巢湖软土的物理力学指标如表 1-5 和表 1-6 所示。

巢湖软土基本物理性质指标 表 1-5

统计项目	天然含水率 w(%)	重度 γ (kN/m³)	孔隙比 e	饱和度 S_r(%)	液限 ω_L(%)	塑限 ω_P(%)	压缩系数 a_{1-2} (MPa⁻¹)	压缩模量 E_{s1-2} (MPa)	黏聚力 c(kPa)	内摩擦角 φ(°)
分布值	38.5～41.1	17.2～18.0	1.09～1.20	89.6～98.7	37.4～39.2	20.8～23.5	0.78～0.92	2.5～4.0	6～11	2.5～4.2
平均值	39.8	17.7	1.14	98.9	38.5	22.3	0.85	3.3	7.5	3.1

各层土的物理力学指标统计表 表 1-6

土类	天然含水率 w(%)	孔隙比 e	液限 ω_L(%)	塑限 ω_P(%)	直接快剪		固结快剪		固结系数 C_v (10^{-3}cm²/s)	压缩系数 a_{1-2} (MPa^{-1})
					黏聚力 c_q(kPa)	内摩擦角 φ_q(°)	黏聚力 c_{cu}(kPa)	内摩擦角 φ_{cu}(°)		
低及高液限黏土	40～98	0.92～3.05	38～71	18～33	4.7～21	15	20.4	15	0.000 3～0.004	0.001 79
低液限粉土质砂	18～35	0.6～1.0	30～50	13～36	30	17	10.3	24	0.001 3～0.003 4	0.000 36

1.1.1.3 阳澄湖软土[7]

阳澄湖位于苏州市东北部，该地区有全新统湖相及湖沼相沉积软土呈零星分布。此处发育的淤泥质黏土，可按所处层位和颜色详分为3种：灰黑色黏土、灰黄色黏土和灰黄夹白斑黏土，都属全新统沼积、湖积相软土，软土具有高含水率、大孔隙比、高压缩性、抗剪强度低等不良工程地质特性。

本地区黏土的含水率较高，重度偏低，孔隙比较大，液塑性含水率和塑性指数都较高。塑性指数 I_P 值均大于17，液限含水率 ω_L 都大于40%，因此各土样均属高塑性。土体的黏粒含量都大于38%，表明该黏土3个土样的亲水性矿物含量较高，具有较高的塑性且孔隙较大。

阳澄湖软土的物理力学指标如表1-7所示。

阳澄湖软土的物理力学性质指标表 表 1-7

试样编号	天然含水率 w(%)	重度 γ(kN/m³)	相对密度 G_s	孔隙比 e	液限 ω_L(%)	塑限 ω_P(%)	塑性指数 I_P
1—1	48.98	16.93	2.76	1.379	54.39	34.66	19.7
2—2	40.68	17.44	2.75	1.178	53.46	23.51	30
2—3	40.43	17.15	2.76	1.2	50.75	25.63	25.1

1.1.2 长江中游(江汉平原)地区[8-10]

1.1.2.1 江汉平原地区湖相软土

武汉市地处江汉平原腹地，该区人口密布，工农业生产发达。地势平坦低洼，地形发展趋势为西北高，南低，其间稍有起伏。地面高程在24.0～32.0m之间。地表水系发育，沟渠纵横交错。气候温和多雨，地下水丰富且埋藏较浅，在低洼地带形成湖泊和沼泽。武汉周围存在发达的水系和大量的湖泊，江汉平原有大小湖泊300多个，重要的有洪湖、汈汊湖、长湖、排湖、大同湖、大沙湖等，因此湖泊相沉积软土分布广泛。

江汉平原的软土十分典型，其中淤泥性质最差。软土层为第四纪全新世沉积的河湖相冲洪积物。由淤泥、淤泥质黏土或淤泥质亚黏土、泥炭薄层及黏土或亚黏土组成。沉积韵律清楚。软土层以下为粉砂或细砂，然后按亚黏土、黏土、重黏土的顺序依次沉积。一次沉积完成后，经过一段时间，生长有杂草等植物，腐烂后使重黏土表层有机质含量较大。然后可能出现第二次类似的沉积。软土地基中性质最差的是淤泥，其次是淤泥质土。淤泥层上部一般有一

薄层(0.5m左右)硬壳,其颗粒组成大都与下部土层相同。只是由于人工围垦及挖沟排水等原因,使含水率较低,密度变大而成为硬壳层,此层的存在对路堤的稳定及变形均有好处。

软土层在天然状态下性质较差,天然含水率较高,一般为40%~80%,淤泥可达60%~85%,孔隙比较大为1.5,天然密度约为1.52g/cm³,干密度低于1.0g/cm³,黏聚力约为0.02MPa,抗剪强度约为0.047MPa,压缩模量约为2.99MPa,压缩系数约为0.7~1.0MPa⁻¹,压缩性较高。

软土的物理力学指标如表1-8~表1-10所示。

软土物理力学性质平均值指标

表1-8

成相或地区		深度 H(m)	天然密度 ρ (g/cm³)	天然含水率 w(%)	干密度 ρ_d (g/cm³)	孔隙比 e	液限 ω_L(%)	塑限 ω_P(%)	液性指数 I_L	塑性指数 I_P	压缩系数 $a_{1\text{-}2}$ (MPa⁻¹)	黏聚力 c(kPa)	内摩擦角 φ(°)
河湖相	汉口	7~11	1.8	40.1	1.28	1.13	42.7	25.1	0.86	17.5	0.69	—	—
	武汉	1.5~11	1.78	42.2	1.25	1.2	61	—	1.4	27	0.7	11	13

土 层 的 性 质

表1-9

土层名称	天然含水率 w(%)	重度 γ(kN/m³)	液限 ω_L(%)	塑性指数 I_P
淤泥	55~67	1.5~1.68	40~73	11~38
淤泥质黏土	43~52	1.67~1.80	43~60	20~40
淤泥质亚黏土	35~54	1.69~1.88	23~33	8~16
黏土	22~35	1.70~2.0	34~58	21~32
亚黏土	24~35	1.84~1.98	30~39	5~15

地基土物理力学指标表

表1-10

地层序号	天然含水率 w(%)	孔隙比 e	土工试验固结系数		三轴快剪		三轴固结快剪		压缩系数 $a_{1\text{-}2}$ (MPa⁻¹)	超固结比 OCR
			竖向 C_v(10^{-3}cm²/s)	水平向 C_h(10^{-3}cm²/s)	黏聚力 c_{uu}(kPa)	内摩擦角 φ_{uu}(°)	黏聚力 c_{cu}(kPa)	内摩擦角 φ_{cu}(°)		
(2)-1	72.3	2.05	0.47	4.5	6	1.3	8	2	1.56	0.92
(2)-2	41.2	1.1	1.25	3.32	14	4	16	5	0.43	
(2)-3	34.5	0.99	2.05	2.7	21.1	6.7	23	8	0.43	
(2)-4	43.4	1.22	1.2	3.73	14.2	4	16.2	5	0.68	0.93
(2)-5	48	1.38	1.71	4.64	10.3	2.5	11.3	3.5	0.79	0.82
(2)-6	35.3	1.04	3	15.53	14.5	4	17.4	5	0.43	1.1
(2)-7	32	0.93	5.6	25.39	21.3	6.7	23.2	8	0.27	
(2)-8	29.8	0.86	5.2	18.01	30	7.5	35.2	9.8	0.21	1.05

1.1.2.2 洞庭湖软土[11-16]

洞庭湖相软土是岳阳地区广泛分布的软土类型。洞庭湖平原为洞庭湖湖相软土沉积区,地势低平,土壤软弱,为湖相沉积堆积平原地貌向坡积微丘岗地地貌过渡地段。北方地势比南方地势略高,中部丘岗隆起,东西低平开阔,微向洞庭湖倾斜。地貌分区特征较为明显:东北部为低山丘陵区，间有溪谷平原，中南部为丘岗区，其余为平原。平原面积 1 028km²（不含江、湖、河、库等水域），按成因可分为江河平原、溪谷平原和滨湖平原。

洞庭湖地区河流、湖泊、池塘、水稻耕地等地形地貌分布广，分布有较为广泛的淤积软土，大面积的软土主要分布在洞庭湖冲积平原上。在洞庭湖沿岸地区是由长江、湘江冲积以及历史上洞庭湖沿岸人为围湖造田形成的低洼平原，地表排水不畅，地表层第四纪沉积的黏土透水性较差。表层土质普遍有明显的草根层，呈海绵状，孔隙度大，保持水分能力强。软土以淤泥质低液限黏土为主。软土沉积层属洞庭湖滨湖区及湖区第四纪河湖相沉积区。第四纪软土沉积层可分为湖泊相或沼泽相、沼泽与河漫滩交替相及河漫滩相等主要成因类型。洞庭湖湖相软土主要由淤泥、淤泥质黏性土、软塑状亚黏土、亚砂土以及松散状粉细砂组成。本地区软土厚度分布不均，以更新世地层中软土厚度较大，部分地段软土层厚达 40m 左右，全新世地层中软土仅分布于地表浅部河湖港湾中的相对静水区域或鱼塘之中，且层厚一般均小于 10m。洞庭湖地区的湖泊相及沼泽相软土一般分为上下两层，呈双层结构。上部表层为硬壳层，其厚度一般在 0.6～3.0m，下部底层为灰～灰黑色、褐色淤泥、粉砂、淤泥质黏性土、灰色黏土，厚度在 10～15m。在该区湖泊相及沼泽相软土主要分布在洞庭湖、万子湖及横岭湖北岸的草尾至黄茅洲、南大一带。

淤泥质黏土：褐色～灰黑色，软塑，部分流塑，湿～饱和；以低液限黏土为主，含有机质，有腥臭味，主要分布于沿线水稻田、水塘中，层厚 1.2～11m，平均 6.0m。

低液限黏土：褐色～黄褐色～褐色，硬塑～可塑，部分软塑，稍湿～湿，见由高岭土组成的网纹状构造和斑团，分布于长江一、二阶地中，层厚 4.0～6.9m，平均厚 5.5m。

软土（Q41）：灰褐色、灰黑色、灰绿色，主要为游泥、游泥质黏土、淤泥质粉质黏土，软、流塑状粉质黏土、黏土，含少量有机质，该层广泛分布于沿线沟、渠、水塘及水田段，分布厚度一般为 2.0～4.0m，其中吴家桥大桥钻孔揭露软土最大厚度 14.2m。

淤泥质黏土是最为典型的洞庭湖软土，淤泥质土呈软塑状，局部呈流塑状。承载力低、压缩性大、含水率高、孔隙比较大，具有高流变性。厚度 1.2～11.0m，土层结构疏松，含有机质，物理力学性质差，承载力低（50～65kPa）。洞庭湖软土大部分土体的天然含水率为 35%～45%，孔隙比为 0.8～1.2，重度为 18.19kN/m³，液限为 34%～45%，塑限为 22%～30%。大部分软土中夹有薄层状粉细砂，这种结构利于土体固结排水和在施工中降水。由于湖泊处于静水环境，所受动水扰动较小，本区软土在含水率、孔隙比、液限和压缩系数，相对于两广滨海相软土和三角洲相软土较低，软土结构相对较致密，地基承载力相对较高。本区雨水期集中，暴雨经常发生，引发洪水，造成水位升降较大，容易侵蚀和浸泡路基。

洞庭湖软土的物理力学指标如表 1-11～表 1-16 所示。

洞庭洞软土的物理力学性质　　　　表 1-11

土类	天然含水率 w(%)	天然密度 ρ (g/cm³)	干密度 ρ_d (g/cm³)	饱和度 S_r(%)	孔隙比 e	液限 ω_L(%)	塑限 ω_P(%)	压缩系数 a_{1-2} (MPa⁻¹)	压缩模量 E_{s1-2} (MPa)	黏聚力 c(kPa)	内摩擦角 φ(°)
淤泥质黏土	44.6	1.76	1.22	98.9	1.227	49.4	27.8	0.86	2.26	2	5.9
亚黏土	37.2	1.85	1.42	70.3	1.03	47.6	23.5	—	6.08	5.2	40

洞庭湖软土基本参数 表 1-12

天然密度 ρ(g/cm³)	天然含水率 w(%)	塑限 ω_P(%)	液限 ω_L(%)	黏聚力 c(kPa)	内摩擦角 φ(°)	压缩模量 $E_{s1\text{-}2}$(MPa)
1.82	40.9	32.8	40.6	12.6	4.4	5.1

原状土物理力学指标 表 1-13

天然密度 ρ (g/cm³)	天然含水率 w(%)	塑限 ω_P(%)	液限 ω_L(%)	塑性指数 I_P	孔隙比 e	压缩模量 $E_{s1\text{-}2}$ (MPa)
1.67	56.4	32.7	49.1	16.4	1.564	2.3
压缩系数 $a_{1\text{-}2}$(MPa)	渗透系数 k_v (cm/s)	黏聚力 c(kPa)	内摩擦角 φ(°)	桩侧摩阻力 q_u (kPa)	有机质含量 W_u (%)	相对密度 G_s
1.13	2.3×10^{-7}	[21]5(32)	[9.9]4.9(8.9)	30	1.88	2.74

注:[ ]表示固结快剪,( )表示三轴不排水剪。

南洞庭湖区软土物理力学性质指标 表 1-14

天然密度 ρ(g/cm³)	天然含水率 w(%)	塑限 ω_P(%)	液限 ω_L(%)	黏聚力 c(kPa)	内摩擦角 φ(°)	压缩模量 $E_{s1\text{-}2}$(MPa)
1.82	40.9	32.8	40.6	12.6	4.4	5.1

主要物理力学指标统计表 表 1-15

统计项目	统计指标												
	天然含水率 w(%)	天然密度 ρ (g/cm³)	相对密度 G_s	天然孔隙比 e	液限 ω_L(%)	塑限 ω_P(%)	塑性指数 I_P	液性指数 I_L	压缩系数 $a_{1\text{-}2}$ (MPa⁻¹)	压缩模量 $E_{s1\text{-}2}$ (MPa)	黏聚力 c(kPa)	内摩擦角 φ(°)	标贯击数 N(次)
统计个数	56	56	56	56	57	57	57	46	56	56	56	56	42
平均值	26.11	1.95	2.74	0.774	43.2	24.4	18.75	0.17	0.212	9.16	52.09	18.82	21.24
标准差	5.19	0.264	0.364	0.141	5.735	2.856	4.41	0.13	0.088	2.75	15.681	4.898	3.875
变异系数	0.2	0.135	0.133	0.183	0.133	0.117	0.24	0.79	0.414	0.3	0.301	0.26	0.182
修正系数	1.05	0.97	0.97	1.042	0.97	0.97	0.95	1.2	1.095	0.93	0.93	0.94	0.95
标准值	27.3	1.89	2.66	0.807	41.9	23.8	17.75	0.199	0.232	8.53	48.5	17.7	20

不同类型软土的物理性质测试分析结果 表 1-16

指标 \ 类型	软粉砂质黏土	灰色黏土	淤泥质黏性土	淤 泥
重度 γ(kN/m³)	1.65~2.4	1.3~1.64	1.64~1.90	1.34~1.65
天然含水率 w(%)	30~50	50~70	30~50	50~80
孔隙比 e	0.8~1.00	1.2~1.50	0.85~1.20	1.30~1.60
液限 ω_L(%)	35~50	45~48	30~60	35~60
塑性指数 I_P	11~15	17~35	7~20	10~22
液性指数 I_L	0.70~1.30	1.00~2.20	0.70~1.40	1.00~2.00

1.1.3 云贵高原地区[8,17-18]

1.1.3.1 滇池软土

滇池位于云南省昆明市，是典型的高原湖泊地区。昆明盆地阳光充足，温度适宜，又有湖泊、河流、洼地等地貌条件，利于水生、湿生植物的生长蔓延，软塑到流塑状态的泥炭质土分布较为广泛，称其为高原湖相沉积软土。

在昆明旁的滇池地区，有环滇池湖泊沉积区域，路基下部存在的深厚泥炭质软土是环滇池流域的典型地质特征，滇池流域也因此成为我国滨湖相软土地质的典型区域。

场地地层可分为 4 个大层：新近抛填土及耕土层、第四系全新统冲沟洼地中的湖沼沉积层、第四系更新统坡积层和第四系更新统湖相地层。

泥炭质土：深灰、黑灰色，饱和，软塑（局部流塑）状态，高压缩性，有机质含量最高达 89.5%，其力学强度较低。此层土具有丝绢光泽，干强度、韧性差，摇动会析水，在冲沟低洼处沉积，厚度在 0～4.0m 之间。

黏土：褐灰、灰白等色，湿，软塑（局部可塑）状态，高压缩性（局部为中压缩性），局部含有机质，分布于冲沟中低洼处，干强度、韧性低，切面光滑，稍具光泽，其力学性质差，厚度在 0～3.0m之间。

粉质黏土：黄、褐黄、褐黄夹灰、褐黄灰等色，湿，硬塑（局部为坚硬或可塑）状态，中压缩性，局部为高压缩性，干强度、韧性中等，切面粗糙，无光泽，无摇振反应，层间含强风化砂、泥岩角砾，力学性质一般。

黏土：黄、褐黄灰、黄夹灰等色，湿，硬塑（局部坚硬）状态，中压缩性，干强度、韧性高，切面光滑，具光泽反应，力学性质较好，局部含全风化泥岩角砾。

滇池地区分布的软土为高原湖相沉积软土，此类软土孔隙比大、含水率高、承载力低、压缩模量低，在荷载作用下侧向变形和次固结沉降较大。此外，软土的孔隙比很大，一般在 2～3，部分达到 8 以上；天然含水率高，一般在 300%左右，部分可以达到 600%；重度小，重度较一般黏土、有机质土轻，多在 10kN/m^3 左右；有机质含量高，一般在 50%左右，甚至达到 90%以上，液限和塑限很大，压缩性很高；承载力很低，一般承载力基本容许值在 40～90kPa；土体渗透性随荷载变化明显，低荷载时渗透性很大，随着荷载加大渗透性降低。

滇池软土的物理力学指标如表 1-17～表 1-19 所示。

土层分布及参数表 表 1-17

土层名称	性状描述	土层厚度 H(m)	土性指标	
			压缩模量 E_{s1-2}(MPa)	承载力容许值(kPa)
黏土	褐色，可塑，高压缩性	0～3	5.1	140
淤泥	灰黑色，流塑，高压缩性	2～6	2.1	50
泥炭质土	黑色，流塑，高压缩性	4～8	1.7	70
粉土	灰色，中密，中压缩性	0.5～2.5	8.7	110
泥炭质土	黑色，流塑，高压缩性	1.5～5	1.7	70
粉土	蓝灰色，中密，中压缩性	4～10	6.7	140

中国各地区软土物理力学性质平均值指标

表 1-18

成相或地区		深度 H (m)	天然密度 ρ (g/cm³)	天然含水率 w(%)	干密度 ρ_d (g/cm³)	孔隙比 e	液限 w_L(%)	塑限 w_P(%)	液性指数 I_L	塑性指数 I_P	压缩系数 a_{1-2} $(MPa)^{-1}$	内聚力 c(kPa)	内摩擦角 φ(°)
河湖相	昆明	2～20	1.75	43	1.22	1.19	53	31	0.58	22	0.69	35.3	4.2

主要土层物理力学性质指标

表 1-19

土层名称	重度 γ(kN/m³)	孔隙比 e	天然含水率 w(%)	液性指数 I_L	压缩模量 E_{s1-2}(MPa)
泥炭质土	13.5	1.7	60.79	0.75	1.11
黏土	16.5	1.16	42.09	0.46	2.27
粉质黏土	17.3	1.35	40	0.17	4.54
黏土	17.6	1.21	45	0.39	3.14

1.1.3.2 杞麓湖软土[19]

杞麓湖位于云南省通海县境内，处于云贵高原上。以位于杞麓山(又名秀山)畔而得名杞麓湖属断层陷落湖，湖泊长轴呈东西向，湖水位 1 796.62m，湖面积 36.73km²，湖岸线长度 45km，湖泊长度 13.5km，宽度平均 2.72，最宽 5.2km。云贵高原的软土地基多以湖相沉积软土为主，主要由灰黑色、草绿色黏土、淤泥质黏土或亚黏土构成，局部地段可能还夹有少量的粉砂土、砂土和螺壳层；地基土的含水介质粒度较细，地下水的水力坡度较小，径流条件差，地下水位一般都比较高(地表以下 0.5～1.0m)。

地质勘探表明，该区域软基土层自上而下分为 4 个层次，对路基沉降影响较大的主要为以下两个土层：

第二层为灰色、灰黑色淤泥质黏土，一般呈软塑状，土层厚度变化较大(一般厚度为 4～11m)，容许承载力仅为 40kPa，属高压缩性土，具有很小的结构性。该土层的物理力学性能最差，是路基稳定和变形的控制性土层。

第三层为褐色、褐灰色、绿灰色亚黏土，层厚大于 10m，该土层上部为软塑状，容许承载力为 100～120kPa，下部为可塑状，部分呈硬塑状，容许承载力为 120～160kPa。该土层为中等压缩性土，具有一定的结构性，对路基的沉降量仍有较大影响。

淤泥质黏土：天然密度 1.43g/cm³，孔隙比 1.38，天然含水率 97.5%，液限 81.0%，塑限 48.5%，塑性指数 32.5，液性指数 1.46，压缩系数 3.20MPa⁻¹，压缩模量 1.21MPa，黏聚力 4.8kPa，内摩擦角 3.7°，允许承载力 40kPa。

亚黏土：天然密度 1.42g/cm³，孔隙比 2.91，天然含水率 106.0%，液限 104.0%，塑限 62.0%，塑性指数 42.0，液性指数 1.03，压缩系数 3.48MPa⁻¹，压缩模量 1.32MPa，黏聚力 9.9kPa，内摩擦角 6.7°，允许承载力 120kPa。

杞麓湖软土的物理力学指标如表 1-20 所示。

云南某一级公路高原湖泊软土地基土的物理力学指标　　表 1-20

土层编号及名称 / 指标	第一层	第二层	第三层	第四层
	黏土(耕植土)	淤泥质黏土	亚黏土	硬塑状黏土
天然密度 ρ(g/cm^3)	2	1.43	1.42	1.36
孔隙比 e	0.72	1.38	2.91	2.98
天然含水率 ω(%)	26	97.5	106	102
液限 ω_L(%)	31.5	81	104	93
塑限 ω_P(%)	18.5	48.5	62	56
塑性指数 I_P	13	32.5	42	37
液性指数 I_L	0.57	1.46	1.03	1.27
压缩系数 a_{1-2}(MPa^{-1})	0.27	3.2	3.48	4.15
压缩模量 E_s(MPa)	6.39	1.21	1.32	0.97
黏聚力 c(kPa)	10.2	4.8	9.9	8.5
内摩擦角 φ(°)	7.3	3.7	6.7	4.6
容许承载力(kPa)	180	40	120	180

1.1.3.3　洱海软土[20-21]

洱海位于云南省大理市，是滇西最大的断陷湖泊，长 42km，宽最大 9km，湖面海拔 1 974m，湖水面积约 249.8km^2，属澜沧江水系。洱海西邻前寒武纪板岩和大理岩构成点苍山，东部为晚古生代的石灰岩低山丘陵，北侧为入口，向南为西洱河，是一个开放的湖泊水系。

洱海盆地于始新世开始断陷接受沉积。晚更新世时气候寒冷，大理冰期来临，来自西侧点苍山的山岳冰川产生强烈的刨蚀作用，造成河流堵塞。进入早全新世时，气候发生变化、温度上升，洱海水泛滥，平均水位达海拔 2 160m，形成大量河湖相或河湖一沼泽相沉积。植被发育的地段被湖水淹没后沼泽化，大量水生植物繁殖、死亡产生的腐殖物和黏土矿物沉积，形成软土的物质来源。全新世中期，全区持续上升，湖水大面积干涸或范围缩小，水位下降到海拔 2 000m 左右。全新世晚近时期，区内湖泊进一步缩小或干涸，洱海目前的水位是 1 974m。随着洱海水位不断下降，湖泊面积逐渐缩小，原湖泊近岸水面下的沉积地层出露水面，即洱海软黏土主要分布在洱海断陷湖的周缘。经孢粉分析和 14C 年龄测定，洱海边缘的软黏土主要是近一万年全新世以来的沉积。

洱海盆地分布以湖积有机质土、淤泥质土、淤泥、泥炭质土、泥炭为主，冲洪积成因软黏性土少量分布；洱海盆地至鹤庆盆地之间，软土以坡积、坡洪积淤泥质土为主，局部为湖积淤泥质黏土；鹤庆盆地线路走行于鹤庆盆地东侧边缘的坡麓地貌区。软土主要为坡洪积淤泥质土，局部为湖积淤泥质黏土，零星分布坡残积表土受水浸泡形成的淤泥质黏土、淤泥质土。

根据洱海东缘软黏土的实验结果，软黏土的工程地质特性主要表现在以下方面：

(1)天然含水率较高。含水率一般在 40%～65%之间，但最高可达有 104%，平均值为 57.08%，接近于液限，几乎处于饱和状态。

(2)孔隙比大。孔隙比一般在 0.64～2.63 之间，平均值为 1.49。

(3)压缩性大。软黏土压缩系数为 0.23～2.21MPa^{-1}，平均值 0.88MPa^{-1}；压缩模量一般为 1.45～5.63MPa，平均值 3.14MPa。数据统计表明，其中有 14%的软黏土为中等压缩性，86%为高压缩性，说明洱海软黏土虽以高压缩性为主，但中压缩性仍占有一定比例，说明这部分软黏土已经发生了一定程度的固结。

(4)高塑性。液限多在 45%以上，最高达 101.3%，平均值为 58.17%；塑限多大于 25%，最高近 61%，平均值约 31.4%；塑性指数的平均值绝大多数大于 20%。总体上，洱海早全新世软黏土属于高塑性黏土。

(5)强度低。天然不排水快剪抗剪强度平均值只有 29.71kPa，按照 25kPa 限，超出软黏土范围；按照布朗 40kPa 标准则为中等软黏土。表明土体抵抗剪切变形的能力差。

(6)固结系数小。该区软黏土固结系数一般在 0.11～4.42cm²/s 范围，平均值为 1.08cm²/s，说明该区软土完成固结沉降需要较长时间，这对施工工期影响很大。

(7)透水性弱。低渗透性是软黏土的共同属性，其渗透性大小随黏粒含量和塑性指数的增高而降低，洱海软黏土渗透系数最低 0.04×10^{-7} cm/s，高者达 4.17×10^{-7} cm/s，一般为 $(0.30～0.60)\times10^{-7}$ cm/s，平均值 0.39×10^{-7} cm/s；表明软土的排水固结不好，对排水固结不利。洱海软土的物理力学指标如表 1-21～表 1-23 所示。

洱海东缘早全新世软黏土测试数据变异性分析　　表 1-21

统计项目	统计指标												
	天然密度 ρ (g/cm³)	天然含水率 w(%)	孔隙比 e	塑限 ω_P(%)	液限 ω_L(%)	液性指数 I_L	塑性指数 I_P	压缩模量 $E_{s1\text{-}2}$ (MPa)	压缩系数 $a_{1\text{-}2}$ (MPa⁻¹)	固结系数 C_v (10^{-3} cm²/s)	渗透系数 k_v (10^{-7} cm/s)	黏聚力 c(kPa)	内摩擦角 φ(°)
统计个数	114	114	114	114	114	113	114	114	114	99	98	114	114
平均值	1.71	51.2	1.46	26.13	57.22	0.79	25.9	0.83	3.36	1.15	0.37	14.23	8.8
标准差	0.14	14.32	0.44	8.17	15.1	0.22	10.25	1.06	0.42	1.16	0.54	7.92	7.92
变异系数	0.02	0.44	0.29	0.26	0.26	0.28	0.38	0.34	0.48	1.09	1.41	0.55	0.56

物 理 性 质 指 标　　表 1-22

软土层	样本数 n(个)	天然密度 ρ(g/cm³)	相对密度 G_s	天然含水率 w(%)	孔隙比 e	孔隙率 n(%)	饱和度 S_r(%)	液限 ω_L(%)	塑限 ω_P(%)	塑性指数 I_P	液性指数 I_l
有机质土	37	1.8	2.6	37.0	1.0	49.71	95.2	56.5	28.1	27.9	0.3
淤泥质土	59	1.7	2.6	42.7	1.1	55.10	96.7	48.6	25.4	22.8	0.8
淤泥	27	1.5	2.6	65.6	1.8	63.81	91.9	71.9	36.7	32.5	0.8
泥炭质土	65	1.3	2.4	103.8	2.7	68.56	92.2	108.9	62.5	44.9	0.8

1.1.4 黄河下游地区[22-24]

南四湖位于山东省济宁境内，该区域内河流沟渠密布，地形为黄河泛滥及湖相冲积而成。地质勘察表明，该区域地表下 10m 以内土体物理力学性能差，属典型软土土质。该地区埋深 0～10m范围内土体天然含水率大，孔隙比大，压缩模量小，局部为高压缩性土，加之此范围为上覆荷载作用下的高附加应力区，因此在后期公路建设中此范围应作为软土地基处理的重点区域；虽然 10m 以后土体各项物理力学指标逐渐趋于稳定，但总体仍属于中压缩性不良土质。

力学性质指标 表 1-23

软土层	样本数（个）	压缩试验指标（p=100～200kPa）								抗剪强度			
		压缩系数 $a_{1\text{-}2}$(MPa^{-1})		压缩模量 $E_{s1\text{-}2}$(MPa)		固结系数 $C(10^{-3}cm^2/s)$		渗透系数 $k(10^{-7}cm/s)$		天然快剪		固结快剪	
		垂直	水平	垂直	水平	垂直	水平	垂直	水平	黏聚力 c_q(kPa)	内摩擦角 φ_q(°)	黏聚力 c_{cu}(kPa)	内摩擦角 φ_{cu}(°)
有机质土	37	0.4	0.4	4.3	3.4	1.0	0.9	0.2	0.2	24.7	9.0	26.7	11.1
淤泥质土	59	0.7	0.7	2.9	2.7	0.9	0.7	0.3	0.3	11.1	8.3	18.6	12.7
淤泥	27	1.3	1.3	1.9	1.8	0.4	0.3	0.2	0.1	10.2	4.8	19.7	9.0
泥炭质土	65	2.3	2.4	1.9	1.8	0.7	0.9	0.4	0.5	11.0	8.4	14.8	13.3

南四湖地区的湖相软土属湖沼沉积土，具有以下工程特性：天然含水率高，一般在 34%～72%范围，其值一般大于液限，属于流动状态；孔隙比在 1.0～1.9 范围，压缩性大，压缩系数一般在 1.005～0.02cm^2/N 范围，属于高压缩性土，其压缩性往往随液限的增大而增大；渗透性很小，渗透系数大部分界于 10^{-8}～10^{-7}cm/s 范围；抗剪强度低，其快剪黏聚力在 10kPa 左右，快剪内摩擦角在 10°～15°范围，承载力小，且灵敏度很高；具有较显著的流变特性。

南四湖软土的物理力学指标如表 1-24～表 1-26 所示。

软土地基物理力学指标 表 1-24

层　号	厚度 H(m)	重度 γ(kN/m^3)	塑性指数 I_p(%)	固结系数 C_v(cm^2/s)	压缩系数 $a_{1\text{-}2}$(kPa^{-1})
1	4.7	18.3	8.7	6e−4	420
2	7.8	19.0	9.2	4e−4	360
3	9.9	19.4	10.5	6e−4	310
4	7.6	19.2	12.7	5e−4	250
5	5.0	19.1	14.4	6e−4	260

土体参数 表 1-25

土层名称	土层厚度 H(m)	压缩模量 $E_{s1\text{-}2}$(MPa)	黏聚力 c(kPa)	内摩擦角 φ(°)	天然密度 ρ(g/cm^3)	天然含水率 w(%)	变形模量 E_0(MPa)	泊松比 μ	体积模量 K(MPa)	剪切模量 G(MPa)	比奥模量 M(MPa)
高液限黏土	1.5	3.560	27	28.0	18.6	32.0	2.218	0.35	2.465	0.822	3.557
中液限淤泥质黏土	8.5	2.270	8	19.0	13.1	42.9	1.695	0.42	3.531	0.597	4.321
中液限黏土	3.5	4.340	15	30.0	17.6	26.8	2.704	0.35	3.005	1.002	4.336
低液限粉质黏土	4.5	7.340	14	25.8	20.1	22.4	4.573	0.31	4.012	1.746	6.331

南四湖地区物理力学参数统计 表 1-26

黏聚力 c(kPa)	内摩擦角 φ(°)	天然含水率 w(%)	重度 γ(kN/m^3)	塑性指数 I_P	液性指数 I_L	压缩系数 $a_{1\text{-}2}$(MPa^{-1})	压缩模量 $E_{s1\text{-}2}$(MPa)	孔隙比 e
54.83	8.53	26.6	19.04	15.63	0.5	0.33	5.96	0.786

1.1.5 平原地区[25]

1.1.5.1 白洋淀软土

白洋淀位于河北省保定市东部，该地区的新近沉积土形成时间短(几百年～几千年)，其类型主要由现今的地貌形态决定。洼地在保定地区为白洋淀和周边低洼易涝区，海拔7～10m，是拒马河、唐河、瀑河和孝义河等河流在冲积扇交汇处的扇缘洼地上汇水形成，现仅在安新县、雄县、高阳县以白洋淀为主要存在水域，从北、西、南三面接纳拒马河、九河、潴龙河、孝义河、唐河、漕河、杨村河、瀑河及白沟引河等河流的补给。洼淀区范围北起定兴县小朱庄乡、雄县北沙口乡、西至容城县小里镇、清苑县望亭乡和安新县芦庄乡，南至高阳县西演镇。

白洋淀地区的新近沉积土多分布于地势低洼地带，湖泊相软土的形成规模较大，呈面状或片状分布，沉积厚度相对较大，可达数十米。湖泊相软土的沉积主要因素是气候，通过雨量、蒸发量、温度控制风化作用的性质以及从平原区而来的河流等形成的汇水区的土壤与植被性质。

白洋淀软土以砂土为主，多为粉砂、细砂、淤泥质土。颜色多以黑、灰黑、褐黑色居多。白洋淀软土的土质不均匀，结构性差、松散，经扰动后易变软，时有振动析水现象。软土的沉积层理多以水平层理及斜层层理为主，层理清晰、规则、稳定，层位较全而连续；易形成一个或多个沉积旋回，当沉积物为砂时该特征尤为明显，砂层的颗粒由上向下逐渐变粗：粉砂—细砂—中砂—粗砂，形成一个或几个沉积旋回。

保定地区新近沉积土的物理力学指标如表1-27所示。

保定地区新近沉积土的物理力学指标 表1-27

沉积土类别	值别	天然含水率 w(%)	重度 γ (kN/m^3)	孔隙比 e	液限 ω_L(%)	液性指数 I_L	压缩系数 a_{1-2} (MPa^{-1})	压缩模量 E_{s1-2} (MPa)	黏聚力 c(kPa)	内摩擦角 φ(°)
洼淀区新近沉积土	平均值	24.8	18.1	0.789	31.2	0.49	0.483	4.83	18	18.2
	范围	20.2～41.2	17.0～20.2	0.638～0.962	24.3～32.8	0.22～1.20	0.268～0.750	2.52～6.58	5～32	5.0～32.0

1.1.5.2 衡水湖软土[26]

大广高速公路衡水段位于河北省衡水市境内，属于环渤海湾地区，该路段有大量软黏土、粉质黏土，软土地基性状典型。本区地貌为第四纪松散沉积物，地形平坦而略有起伏，土层深厚，地貌类型单一，为河泛平原地貌形态，线位处地面高程26.57～28.58m。线路区自然河道、冲沟较少，地面为棉田。据区域地质资料和本次勘探成果表明，线路区地层主要为第四系全新统低液限黏土、低液限粉土、粉土质砂及细砂。低液限黏土、低液限粉土分布连续且厚度较大，是拟建公路沿线出露主要地层之一，也是拟建公路路基的主要下卧层。

该路基段附近河网及人工沟渠分布较少，既有的沟渠因干旱少雨均已干涸，未见地表水系发育。路线经过区地下水类型属河北平原第四系松散层类孔隙水，水文地质属于古黄河冲积亚区。路线区浅层地下水普遍含有微咸水，并有淡水体局部分布，赋存于多层结构的低液限黏土、低液限粉土、粉土质砂中。浅层含水层底界埋深一般10～30m，局部大于50m，厚度一般

10m 左右。浅层地下水的补给主要靠大气降水入渗补给，次为河渠、灌溉和侧向径流补给。降水补给量约占补给总量的 75%。浅层地下水排泄主要是用于农业灌溉的人工开采，其次是径流和蒸发。每年 3～4 月份随着开始农业灌溉，水位开始下降，至 6 月底降至最低，7～8 月份进入雨季后，水位开始回升，在翌年的 1～2 月份达到最高，年水位变幅一般为 2～3m。

经分析对比区域地质资料及勘探资料，本段路基沿线勘察深度内揭露的土层主要为第四系全新统松散堆积物。依据土的时代、成因、岩性、分布和物理力学指标特征，将路基引用深度内的土层划分为 4 层。第一层为 4m 的粉质黏土，其土力学特性如下：天然含水率为 25.4%，重度 17.2kN/m^3，孔隙比为 0.743，液限为 0.59，压缩模量 5.55MPa，黏聚力为 8kPa，内摩擦角为 19.2°。第二层为 8m 的粉砂土，其土力学特性如下：天然含水率为 21.8%，重度 18.5kg/m^3，孔隙比 0.624，液限 0.57，压缩模量为 9.28MPa，黏聚力 10kPa，内摩擦角 30.7°，饱和重度 20kN/m^3。第三层为 15m 的粉土夹粉质黏土，其土力学特性如下：天然含水率为 23.8%，重度为 19.0kN/m^3，孔隙比为 0.586，液限为 0.53，压缩模量为 11.25MPa，黏聚力为 11kPa，内摩擦角为 22°。第四层为硬质砂岩，可认为压缩变形很小且不发生强度破坏。

该段路基勘探深度范围内未揭露有典型软土（淤泥、淤泥质土）发育，但②$_3$ 低液限黏土含水率较大，孔隙比大，压缩性较高，工程地质条件较差，路基设计时应引起重视。②$_3$ 层软弱土顶板埋深较浅，厚度较薄，具高含水率、大孔隙比、近高压缩性、低强度等工程特性，易产生蠕变、滑移、不均匀及过大沉降，工程地质条件差，属特殊性岩土层。建议对存在软弱土下卧层路段进行稳定与沉降验算。

1.2 软土微观结构国内外研究现状

土的微观结构在形式上十分复杂多样，某种程度上反映了土的成分和土的沉积历史。土的工程性质在一定程度上直接受其微观结构的影响，而这些影响的程度又按土的种类、结构类型和某些特殊性质而有差异。著名土力学专家沈珠江院士曾强调，21 世纪土力学的核心问题是建立土的结构性数学模型，其方法就是走宏观和微观相结合的道路。微观层次研究可以结合宏观层次的研究，确定软土的主要物理力学特性，而微观层次可以从机理上分析软土的强度和变形等特性。总的来说，软土微观层次的研究就是探索微观性质对改变其宏观物理力学行为的作用原理、产生方式和影响程度。从微观结构定量的试验研究着手，揭示土体工程特征与其微观结构变化之间的内在规律性，不仅对各类岩土工程问题的深入研究具有十分重要的科学意义和学术价值，而且对分析和评价土体工程性质及其对工程建筑的适应性也有着重要的现实意义。

近年来，随着微观测试技术和分析手段的日新月异，也为深入探索工程土体的微观世界提供了契机。微观层次研究的方法是将土体看作是由固相、液相和气相组成的多相混合物，借助于 X 射线衍射仪、电子显微镜、比表面积测试仪、定氮仪、压汞仪等分析测试仪器和技术，研究软土的矿物类型和成分比例、颗粒的尺寸、内外比表面积和表面电荷量、孔隙尺的度分布以及结合水的含量和状态等参量与软土的强度、塑限变形特性、流变性和渗透性等的对应关系，分析宏观物理力学性质的物质因素、物理机制、力学行为细节，确定其定量关系等，从机理上深化认识软土各种工程特性的形成和演化的方式和条件。

软土的结构在外界环境发生改变或有外荷载作用时会发生改变，软土结构的变化直接关系到修建在软土地基上的工程构造物的安全使用，以及相应的土的工程力学性质的变化规律，因此对于软土结构在环境变化时和荷载作用下的应力应变特性的研究一直是是岩土工程界的热点问题。软土在宏观上所表现出的力学行为，归根结底都是其微观结构发生变化的外在反映，因此研究软土微观结构的变化规律对于研究软土在工程应用中的应力应变性质具有重要意义。

土的微观结构研究始于 20 世纪[27]，1925 年土力学的奠基人 Terzaghi 首先提出了黏土的蜂窝状结构是在自然沉积过程中很常见的一种结构形态[28]，他所倡导的土的微结构概念与思想是土微结构研究的开端。之后 Goldschmidt(1926 年)提出片架排列结构，他认为高灵敏黏土中的黏土颗粒是不稳定的片架排列，而低灵敏黏土则有较大的密度和较稳定的排列[29]；Casagrade(1932 年)发展了 Terzaghi 的蜂窝结构，根据受压时粉粒骨架中黏土的排列提出了基质黏土和键合黏土的概念；土壤微观形态学的创始人 W. L. Kubiena 从土壤学角度出发，研究了大量的土壤微结构形态，提出了一套土壤微结构形态描述体系以及大量术语，是微结构分类的重要依据，这是首次对土微观结构进行系统的研究。

随着科学技术的发展，光学显微镜、偏光显微镜、X 射线衍射等技术手段在土微观结构研究中得到了广泛的应用，研究者们相继提出了一些新的概念和思想。Lambe(1953～1959 年)从胶体化学和双电层理论出发，提出了边—边和边—面接触的开放形式的非盐絮凝结构，面—面和边—面接触的盐絮结构和面—面接触的分散排列结构；我国学者陈宗基(1959 年)[30]提出了片状颗粒的接触形式，提出了“陈氏固结流变理论”和“陈氏黏土卡片”结构，并给出了相应的三维网络模型，高国瑞(1980 年)在对中国黄土的微结构与湿陷性进行研究的基础上，提出了黄土微结构的 12 种类型[31]，后来，吴义祥(1990 年)[32]应用计算图像分析技术从信息熵角度对结构性黏土的排列状态作定量分析；刘松玉(1992 年)[33]首次利用粒度分维分析方法研究土体结构；胡瑞林(1995 年)[34]详细总结出了结构性黏土微观结构的主要特征，即颗粒排列特征、孔隙性、结构单元特征和结构连接；蒋明镜(1996 年)[35]、齐吉琳(1999 年)[36]、胡再强(2000 年)[37]则采用人工制备结构土的方法对土的微结构进行了研究。

V. I. Osipov(1984 年)[38]通过研究黏性土触变过程的微结构变化，得到在剪切过程中，微结构的破坏不是由于振动引起的结论；温耀霖、潘健、吴湘兴等(1995 年)[39]在珠江三角洲内几个地区采取软土试样进行了物理力学性质指标测定，并对土的矿物成分和微观结构进行分析，初步明确了珠江三角洲软土的力学性质与其矿物成分、微观结构的关系。X. Bai(1997 年)[40]通过高岭土在固结和剪切过程中的微结构变化研究得到应变对于微结构变化的影响并不相同的结论；M. D. Liu 和 J. P. Carter(1999 年)[41]根据原状结构性土和重塑土的压缩试验，提出结构压缩因子 A 和结构指数 S 的结构参数，并在此基础上提出了结构性的压缩模型；D. R. Katti (2001 年)[42]采用 SEM 技术进行微结构分析，研究了膨胀土在膨胀过程中的微结构演化规律；P. Dudoignon(2001 年)[43]对高岭基质土在剪切过程中的颗粒排列的宏观与微观特性进行了测量，应用光微镜、相关的图像分析技术表明了颗粒的定向性，并测量了剪切面与邻近基质的孔隙变化；王梅、白晓红、梁仁旺等(2001 年)[44]采用压汞试验和扫描电镜的手段，分析了生石灰与粉煤灰桩加固软土地基前后土的微观结构和孔隙特征的变化，对加固前后不同土的微观结构进行分类，从微观上解释了生石灰与粉煤灰桩加固软土的机理；孔令伟、吕海波、汪稔等(2002 年)[45]对琼州海峡湛江海域的一种海洋土的基本性质进行了系统的试验研究,初步从矿物组成、物理化学性质、胶结特性与孔隙结构特征几方面分析了其特殊工程性质的微观机制 ,揭示了其影响爆炸挤淤施工的机理;颜志平(2004 年)[46]为了探索高水速凝材料在软土地基方面的应用前景,采用扫描电镜研究了高水速凝材料一软土凝固体的微观结构。研究结果表明,纯土的土颗粒之间只有原生矿物的几何堆积,而没有牢固的连接。但由于高水速凝材料的加入,彻底改变了土体结构。在高水速凝材料一软土凝固体中,主体结构为钙矾石结晶体形成的"空间网状结构",辅助结构为在碱性环境中土颗粒之间的离子交换、团粒化作用和碳酸化作用所形成的微晶体与凝胶体结构;谢海澜、王清(2005 年)[47]采用粉煤灰作为添加剂,对福建吹填泥浆进行了加固处理,并对加固后吹填土体工程地质性质和微观结构特征进行了研究。从宏观的工程地质性质到微观结构特征变化都说明粉煤灰作为添加剂加固处理吹填泥浆是可行的,并给出了确定粉煤灰掺入比的建议,从而为吹填土软土地基的加固处理提供了一种更经济的加固手段;周翠英、牟春梅(2005 年)[48]以珠江三角洲地区代表性软土地基为研究对象,通过在碎石桩周围一定范围内采取土样进行的微观结构分析,讨论了碎石桩软基加固影响半径问题;田晓峰、张大捷、侯浩波等(2006 年)[49]用红外光谱、X 射线衍射和热重 - 差示扫描分析方法研究了矿渣胶凝材料对砂土和黏土的化学稳定化过程。得出以 OH^- 和 CO_3^{2-} 为主的化学反应是矿渣胶凝材料稳定软土的基础,土壤中层状硅酸盐黏土矿物、链状硅酸盐闪石类矿物和碳酸盐是软土化学稳定过程中的活性成分;张留俊、黄晓明等(2007 年)[50]通过对苏州泥炭、连云港淤泥和南通淤泥质土 3 种不同性质的软土进行固结试验,从泥炭的微观结构分析入手,分析了泥炭地基与一般软土地基沉降速率的差别,提出了"次主沉降比"的概念和计算式,采用次主沉降比来确定次固结沉降与主固结沉降的比例;陈慧娥、王清(2007 年)[51]对不同地区软土经水泥加固后的强度形成特征进行了研究。从试样的粒度成分、有机质含量及加固后试样的微观结构特征等方面对此进行解释,为采用水泥进行不同性质的软土加固处理时采取合理的附加措施提供了理论依据;杨爱武、杜东菊、赵瑞斌等(2007 年)[52]通过研究水泥土掺适量的 NaOH 加固天津海积软土效果,以水泥为主剂,同时掺入一定量的 NaOH 作为辅剂,对此种地基处理方法进行深层次理论探讨、微观结构分析以及现场验证试验;邢皓枫、徐超、叶观宝等(2008 年)[53]通过高含盐水泥土室内无侧限抗压强度试验,研究了 Mg^{2+},Cl^-,SO_4^{2-} 离子含量变化对高含盐水泥土强度的影响及其变化规律;利用 X 射线衍射和扫描电子显微技术,分析了不同离子含量下水泥土的微观结构特征及其与水泥土强度的内在联系;李丽华、陈轮、高盛焱等(2009 年)[54]从微观形态、微结构特征、粒度分析、土颗粒间的排列方式、孔隙大小分布、有机质含量以及矿物成分等方面对三江平原的两种沼泽土和北京翠湖湿地土进行了一系列微观结构的对比试验。研究成果有助于提高对沼泽土特性的认识,可为沼泽地陷落体救助和沼泽湿地保护和合理开发等工程建设提供参考;周翠英、林春秀、林鲁生等(2010 年)[55]以珠江三角洲地区某高速公路代表性软土地基为研究对象,分别对天然状态和超载预压后两种状态的淤泥质土样开展不同压力条件下的室内固结试验,得出了两种状态下淤泥质土压缩模量随压力变化的定量关系和压缩模量随压力及时间演化的规律。并结合天然状态和超载预压后的淤泥质土样在室内再压缩前后的微观结构图像,分析了两种状态下淤泥质土压缩模量随压力和时间演化的机理;黄雨、周子舟、柏炯等(2010 年)[56-57]从化学成分与物理结构等微观角度出发,分别对冲填土和自然软土的原状样、加固样进行了 X 射线衍射试验和扫描电镜试验两种微结构试验，对比分析了导致这种加固效果差异的微观机理及其形成原因，得出材料微结构对冲填土软土地基的水泥土搅拌法加固效果存在重要的影响；杨爱武、闫澍旺、杜东菊等(2010 年)[58]以天津海积软土为原料，介绍了水泥土掺碱性外加剂的固化效果，并对其固化效果进行了现场验证试验以及微观结构分析研究，得出碱性环境对水泥土强度的提高具有很大促进作用，并能节省工程费用，值得在工程实践中推广应用；张先伟、王常明、李军霞等(2010 年)[59]在对漳州软土进行多种蠕变试验的基础上，利用微观定量化技术，对比原状软土与蠕变条件下土样的微观孔隙，从微观角度对蠕变机制进行了解释；张先伟、王常明(2011 年)[60]对黄石、漳州、青岛地区结构性软土进行电子显微镜扫描、颗粒分析、X 衍射试验和化学分析试验，得出软土的粒度成分、矿物成分、物理化学性质、结构类型对黏滞系数影响较大。用不同固结压力下黏滞系数峰值对应的剪应力代替临界抗剪强度，提出了一个新的求取长期强度的方法，并通过试验数据验证了方法的正确性。该研究有助于进一步认清蠕变机制，对修正或建立较为符合实际的本构模型有一定意义；扈胜霞(2013 年)[61]开展了室内模拟真空预压、堆载预压以及真空－堆载联合预压加固软土的固结蠕变三轴试验及三轴试验前、后的微观结构试验，建立了能考虑微观结构改变的弹黏塑性(EVP) 软土蠕变模型，从而揭示软土固结蠕变机制。

在微观结构定量研究方面：王清等(1997 年)[62]通过 SEM 图像处理技术，提出了黏性土微结构中结构单元体形态、定向性、孔隙特征等结构要素的定量评价指标；吴紫汪(1997年)[63]、施斌(2000 年)、蒲毅彬(2000 年)、陈正汉(2001 年)都应用了 CT 技术对土体的微结构进行了分析；王清、陈慧娥、蔡可易(2003 年)[64]利用图像处理技术对土体进行微观结构定量分析，讨论了表征结构单元体和孔隙大小、形态及定向性等结构要素的定量评价指标。通过对加入水泥固化后软土的微观结构图像分析，论证了水泥土的微观结构特征定量分析方法，得出了以此来分析评价土体微观结构特征的方法；周翠英、牟春梅(2005 年)[65]取珠江三角洲中部地区海相沉积的、具有代表性的原状软土样，开展室内实验(直剪实验、三轴固结快剪实验)，从土体剪切破裂面的微观结构研究入手，寻求土体达到峰值强度破坏时，剪切破裂面上的微观结构参数与土体强度参数之间的关系，说明了软土的抗剪强度与微观结构参数变化之间有着良好的一致性，对于高填方路堤稳定性等问题的分析具有重要价值；刘勇健(2006 年)[66]以混沌理论为基础，对珠江三角洲软土地基的变形特性进行了研究，从软土的工程特性和微观结构出发，分析了软土地基变形混沌性的根本原因，并对软土变形混沌性进行了定性判别和基于 Lyapunov 指数的定量判别。从而得出软土地基的变形具有明显的混沌性，混沌理论为软基变形研究提供了一种新的途径，在工程领域具有广阔的应用前景。

汤连生(2006 年)尝试利用土的结构熵将复杂多变的土的微观结构要素用能量状态——结构熵进行量化。彭立才、蒋明镜、朱合华等(2007 年)[67]通过对珠海地区具有代表性的软土微观结构进行分析和研究，获取珠海地区软土的微结构类型和特点，对不同固结压力条件下试样的 SEM 图像进行定量分析，揭示了土体发生变形的宏观机制及土体在受力过程中具有逐渐破损的变形规律，以指导工程实践；胡华(2008 年)[68]在静态荷载作用下测试了淤泥质软土的初始剪切力、塑性黏度等流变参数，采用理论分析微观结构显微技术，揭示了黏粒含量、含水率等对流变参数的影响作用机理；唐益群、张晓晖、赵书凯等(2009 年)[69]针对地铁荷载下饱和软黏土的宏观变形，从微观试验出发，采取定量化的试验手段，以上海地区地铁行车荷载作用下的饱和软黏土为研究对象，将其宏观变形与各微观结构参数进行相关性分析，从振动前后各微观结构特征参数的变化出发，辅以电镜扫描分析，揭示了地铁行车荷载下隧道周围土体产生宏观变形的机理及发展趋势。周晖、房营光、禹长江（2009 年）[70]利用环境扫描电子显微镜（ESEM）对珠三角典型的广州金沙洲软土固结过程土样的微观结构进行观测，基于观测所得的显微照片分析软土在不同固结压力下微结构的尺度、形状、定向性等微结构特征及其变化规律，并采用计算机图像处理软件定量分析软土的微孔隙率、结构单元体分布角等微结构参数随固结压力的变化规律；彭立才、蒋明镜、林奕禧等（2009 年）[71]采用压汞法研究了不同固结压力作用下具有强结构性的珠海海积软土的微观孔隙入口孔径分布与应力水平的关系，通过 X-射线衍射试验（XRD）对其黏土矿物含量进行定量分析，并与加拿大 Regina 黏土进行了对比，得出了珠海天然海积软土的孔隙孔径分布为主单峰分布，珠海海积软土和 Regina 黏土孔隙分布差异的原因是颗粒组成分布和黏土矿物成分的不同；蒋明镜、彭立才、朱合华等（2010 年）[72]采用电镜扫描和压汞法对珠海海积软土剪切带内外以及带边缘微观结构进行定量分析，得出珠海软土的应力－应变曲线在低围压下表现出明显应变软化特征；软土在剪切破坏后，剪切带内的微观参数变化率最大，其次是剪切带边缘，最后是剪切带外；姜岩、雷华阳、郑刚等（2010 年）[73]通过对天津滨海新区软土，采用动三轴试验和压汞试验，对交通荷载作用下结构性软土微观结构变化进行了研究。探讨孔隙分布特征，提出孔径划分的方法，给出了卓越频率与土体孔隙变化的规律，从而得出了天津滨海新区典型结构性软土的动力特性；张宏、柳艳华、杜东菊（2010 年）[74]通过对天津滨海新区软土不同固结压力下代表性样品的 SEM 图像进行分析得出在不同固结压力下孔隙结构参数的变化规律，并运用平面分形维数对样品不同固结压力下土中孔隙分布状况的整体性、平均性进行了分析，提出能够综合反映土中孔隙的大小、形态、分布、定向性等微观特征的结构性参数孔隙结构因子，表明土体内部孔隙的结构性参数与外部荷载之间有着良好的对应关系，在结构屈服压力前后，土体内部孔隙特征存在明显的差异；张彦（2010 年）[75]通过对天津滨海新区分布的三类软土（海积软土、吹填软土和湖沼相软土）的微观试验，将微结构参数进行定量化分析，并建立了滨海新区软土微观结构图谱；李军霞、王常明、张先伟（2010 年）[76]对东莞软土进行了固结排水与固结不排水三轴蠕变试验、原状样与蠕变后试样水平测面微结构的扫描电镜试验，分析了不同排水条件的软土蠕变特性与微观孔隙变化规律。得出了不同排水条件下微观孔隙变化是土体蠕变表现差异的微观内因，孔隙特征的渐变过程揭示了软土蠕变变形的微观机制的结论；张先伟、王常明（2010 年）[77]对黄石地区软土进行一维压缩蠕变试验，提取原状样与蠕变破坏后土样的结构参数，对比分析这些结构参数在蠕变前后的变化规律。建议用丰度与圆形度辅助分析以更真实反映土体微观结构实际情况，将复杂度作为一个衡量软土在蠕变过程中孔隙或颗粒形状规则程度的重要参数；刘勇健、李彰明（2011 年）[78]通过对广州市南沙地区大量软土物理力学试验和微结构分析，获取了 40 组软土试样的物理力学性质指标和微观结构参数。综合运用灰色关联分析的数据分析能力和人工神经网络的非线性映射功能，建立了软土物理力学性质指标与微结构参数的灰色关联－径向基神经网络模型；莫海鸿、王婧、林奕禧（2013 年）[79]通过室内宏微观试验，对珠海金湾地区软土矿物成分、比表面积、固结前后的微观结构、孔隙特征等进行分析和研究，得出土体结合水量、强度指标等参数是影响真空预压法处理效果的关键因素。

近年来，分形几何理论地飞速发展为土的微结构研究提供了新的思路，人们普遍认为分形理论很可能成为有效解决土的微观结构量化问题的突破点。C. A 和 Donaldson C. F(1995 年)[80]引入分形理论对砂土的微观结构进行了研究,通过对砂性土的微观结构照片的分析,得出了砂性土的颗粒形态具有分形特征,这标志着土微观结构定量化研究跨入到一个新的台阶;刘松玉等(1993 年)[81]推出了粒度分维分析方法,提出了大量的微结构量化参数;李向全等(2000 年)[82]根据土体具有的非线性特征,运用分形几何理论提出了粒度分维、颗粒定向分维等 7 项定量表征土体微结构状态的分维指标,发现固结过程中软土微结构要素调整变化具有明显的阶段性。王清等(2000 年)[83]用分形几何法对孔隙的分布与强度之间的关系进行了探讨,并根据土孔隙的分形特征重新确定了黏性土孔隙划分的界限。胡瑞林等(1999 年)[84]通过对黄土湿陷性的微结构效应的研究,提出了分形结构的湿陷性控制机理。毛灵涛、薛茹等(2005 年)[85-86]根据分形模型的构造方法,提出了孔隙度分维、孔隙分布分维及孔隙边缘形状分维,用以描述软土微结构 SEM 图像中孔隙的变化情况,利用数字图像处理与分析的方法研究了软土加固前后 3 种分形维数的变化趋势,研究表明,软土中孔隙分布及其形状具有分形特征,不同的分形维数可以从不同角度反映土体的加固效果及力学特性变化,为由微观结构反映土体的宏观力学性能提供了桥梁。徐永福(2006 年)[87]对膨胀土的分形结构进行了研究,并指出不同成因的膨胀土其粒度分布的分维也不同。柳艳华(2006 年)[88]将多重分形谱引入到土微观结构分形研究,以天津市滨海新区三个不同地点海积软土原状样及不同固结压力后土中孔隙的多重分形特征为例进行研究,从多重分形的角度对孔隙的不均匀性进行定量描述,并建立孔隙多重分形谱各特征参数与荷载之间的关系。许勇、张季超、李伍平(2007 年)[89]将分形几何学的理论运用于饱和软土微结构研究,对广东科学中心饱和软土颗粒分布分维值和孔隙分布分维值等微结构分形参数进行了提取,采用回归分析的方法,对颗粒分布分维值、孔隙分布分维值和孔隙度的关系进行了分析。陈慧娥、王清(2008 年)[90]为了明确有机质对水泥加固土强度形成所产生的影响,采用水泥对不同有机质含量的软土进行加固,通过无侧限抗压试验测定达到养护期的水泥加固土的力学指标,对有机质含量与水泥土强度的关系进行分析,利用扫描电子显微镜采集不同试样的微观结构照片,并采用 WD-5 图像处理系统对土样的微观结构图像进行定量分析,提取各试样中土颗粒形态的分维数值,用颗粒分布的计盒维数来表征各试样的分形特征。孟庆山、杨超、许孝祖等(2008 年)[91]通过液氮冷冻干燥制样技术制备饱和软土试样,借助扫描电子显微镜技术,得到室内动力排水固结前后土样的微观结构图像,用编制的计算机程序分析其微观结构参数变化。通过比较试样的孔隙个数、总面积、总周长、面积分级、平均孔径、形状系数、圆度、各向异性率和分形维数,研究了在动力排水固结作用下土体微观结构在垂直向和水平向发生的变化。张先伟、王常明、马栋和(2012 年)[92]通过对青岛、广州和中山地区原状软土扫描电镜照相,将 SEM 图像的灰度设为结构表面至成像表面的距离,根据相互垂直剖面的微观孔隙大小确定了灰度与像素之间转换关系,进而获得软土的三维微观信息,将其导入三维地学软件实现了微观结构表面的三维可视化,提出了一个计算土的结构表面起伏真实分形维数 D_s($2 \leqslant D_s < 3$)的方法,来说明青岛软土结构表面起伏复杂性。曹洋、周建、严佳佳(2014 年)[93]采用分形理论对波浪荷载下的饱和软土微观结构进行研究,探讨不同循环应力比和不同频率条件下孔隙的分布特征及其变化规律。

1.3 该课题的主要研究内容及研究技术路线

本文针对修建在古湖泊湿地地区的邢衡高速工程建设，基于软土微观结构试验与理论分析，揭示软弱土工程性质与微观组织结构、物质成分的关联机制和力学行为机制。通过微观观测实验获取微观结构特征量信息，用微观物理机制解释土体物理力学性质及变化规律以及土体特性成因的微观机理，力图为软弱土加固设计优化与施工工艺提供指导，并为此类工程的工后病害防治提供基础理论依据和实用技术方法。

1.3.1 研究内容

依托邢衡高速公路项目，首先对衡水湖湿地湖泊相软土进行了力学的和微观的试验，结合力学分析和微观结构的定量分析，解释土体发生宏观变形的微观机理，运用分形理论分析土体微观结构的分形特征。具体工作主要包括以下几个方面：

(1)本文根据土的物理力学指标对比，从地质成因、颗粒级配、矿物成分等方面分析了衡水湖湿地湖泊相软土与其他地区软土差异的原因。

(2)通过室内固结压缩试验、三轴剪切试验以及无侧限抗压试验，本文研究了衡水湖湿地湖泊相软土在不同受力状态下的结构屈服应力，根据相关试验成果的对比分析提出湿地湖泊相软土应力应变影响因素；同时，为了模拟工程上的真空堆载联合预压法，对湿地湖泊相软土进行了三轴流变试验研究，得出了湿地湖泊相软土在固结排水条件下蠕变特性。

(3)研究采用电镜扫描(SEM)测试技术，对衡水湖湿地湖泊相软土在不同应力状态下水平截面和垂直截面微观结构特征进行了观测，分析不同应力下土样的微观结构特征。

(4)本文运用 Leica QWin 图像处理系统对衡水湖湿地湖泊相软土在不同应力状态下的试验土样的水平截面与垂直截面的电镜扫描照片进行分析处理，提取相关微观结构定量化参数，进而对不同固结压力下软土的垂直面和水平面的微观结构图片(SEM 图像)进行了定量对比分析，揭示了不同应力状态下的软弱土各自微结构参数随压力的变化规律，从而阐述土体发生宏观变形的微观机制。

(5)基于分形理论适合于研究复杂不规则图形的特点，本文对分形理论在土体微观结构研究中的作用进行了深入分析。同时，针对本次研究内容的特点，定义了研究土体中孔隙和颗粒分布状况的平面分形维数。利用 Matlab 语言编写程序，对土体微观结构图片进行了平面分维计算，分析不同应力状态下试验前后土体微观结构的分形特征。

1.3.2 研究技术路线

本书针对邢衡高速公路沿线软弱土，首先通过室内力学试验，X 射线衍射试验对该软弱土的基本物理性质及矿物成分等进行分析归纳，其次通过单轴固结试验、流变试验对不同压力下的原状土样进行试验研究，然后采用电镜扫描(SEM)及 Leica QWin 图像处理系统，对不同压力状态下的试样的微观结构特征定量化参数进行研究，揭示邢衡高速公路沿线软弱土微结构特征参数变化规律，最后利用 Matlab 语言编写程序，对土体微观结构图片进行了平面分维计算，分析不同压力状态下试验前后土体微观结构的分形特征，进而从微观的角度阐述土体发生变形的机理。

本书的研究技术路线如图 1-1 所示。

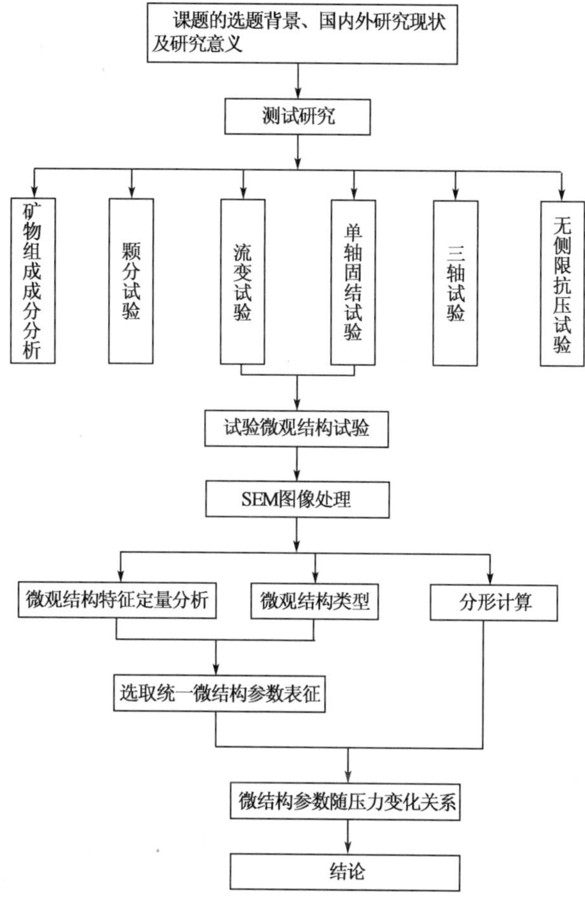

图 1-1　技术路线图

第2章　衡水湖湿地区域地质概况

2.1　区域地质背景

2.1.1　自然地理位置

衡水湖湿地地处滹沱河古冲洪积扇及其与滏阳河沉积的交错地带以及古黄河、古漳河长期泛滥淤积而形成的冲洪积平原区，地形平坦而略有起伏，平均海拔15～45m。现存地貌为第四纪松散沉积物，地势平坦开阔、洼地及平地相间的地貌类型，区内为冲洪积平原地貌形态。

2.1.1.1　气象

研究区域属于暖温带半干旱半湿润季风型大陆性气候区。气候特点是干旱同季、雨热同期、四季分明。春季干旱多风，夏季炎热多雨，秋季晴朗气爽，冬季寒冷干燥，全年干湿季节变化明显，四季分明。年平均气温13.2℃。极端最高气温42.7℃，多出现在6月份；极端最低气温－23.6℃，多出现在1月份；最热月份为7月，平均气温为26.8℃；最低月份为1月份，平均气温－2.6℃。年平均温差为29.4℃。最大冻深53cm，无霜期约210天。

本地区年平均降水量543mm，年内分配不均匀，年际变化较大，全年降水量集中在6-9月份，降水量约为400mm，占全年降水量的74%，7-8月份降水量最大，为293mm，占全年降水量的54%。区域内适于农作物的生长，但也有旱涝、暴雨、冰雹、干热风和霜冻等自然灾害，对农业生产危害较大。

本区冬季受内蒙古高压气流影响，冬季多西北风，春秋多西南风，经常出现7～8级大风，年平均风速约3.3m/s。

2.1.1.2　河流水文

衡水市境内河流均属海河流域，境内有9条主要河流由西南向东北流过。现影响本项目的河流和湖泊主要为衡水湖、滏东排河、滏阳新河、滏阳河，河流均为季节性河流。

项目区域内的地表水主要来源于大气降水。区内年降雨量分布不均匀，雨季(7～9月)降雨量占全年降雨量的70%～80%以上，且各河道上陡下缓，河槽上大下小，源短流急，导致区内的河流具有汛期洪水暴涨暴落，逢高量大，枯水季节径流很小甚至断流的特点。

(1)衡水湖

衡水湖地处河北平原东南部，地貌属冲洪积平原，地势平坦，以0.3‰的坡度微倾向东北。

衡水湖俗称“千顷洼”，分布范围东至106国道，西临冀州市小寨乡南尉迟一南良，南靠冀州市区，北界滏东排河，总面积 75km²。坐标位置为北纬 37°33′24″～37°39′40″，东经 115°30′29″～115°39′21″，其交通位置如图 2-1 所示，湖区内海拔高程为 17～19m，局部低洼处为 15.5～16.5m，比周围低 4～5m。湖岸为自然平地，海拔高程为 22～23m。

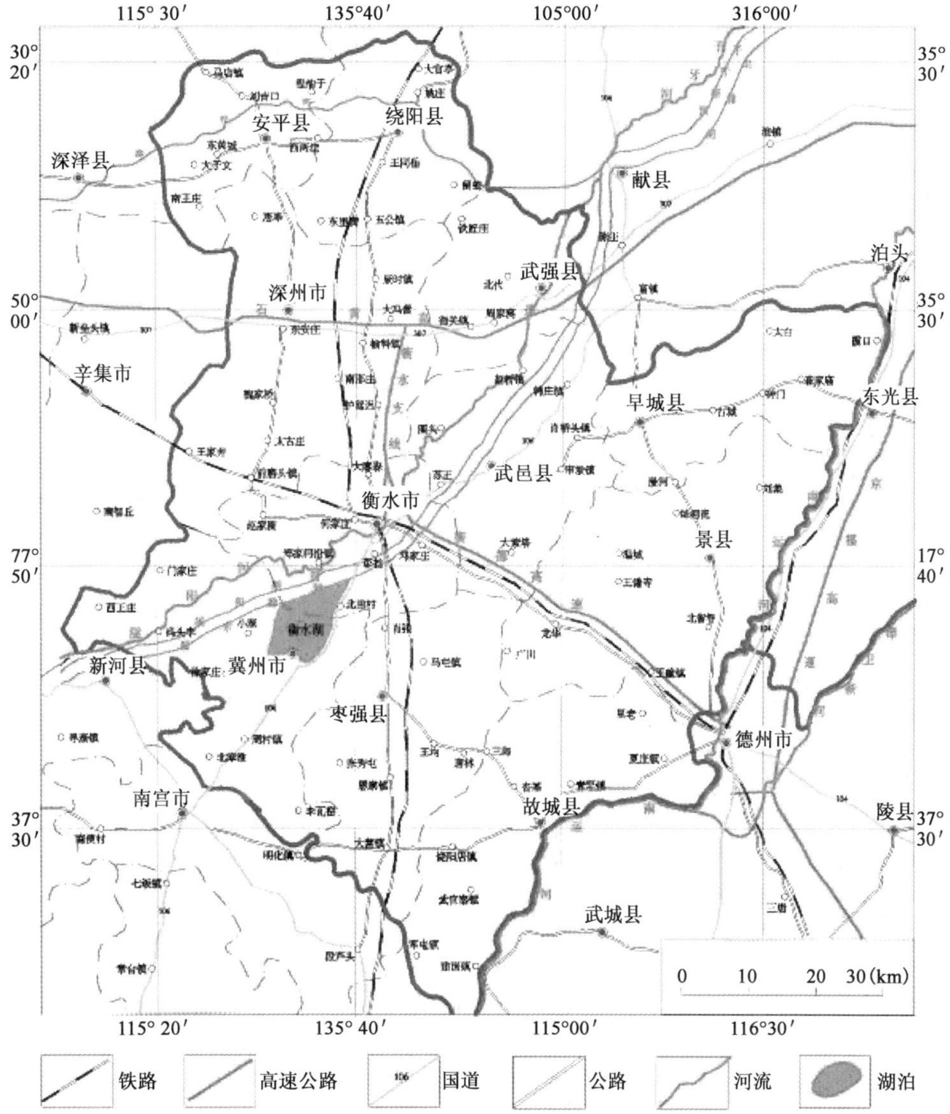

图 2-1　衡水湖的交通位置

湖内有较充足的水草和水生资源，是发展淡水养殖的天然宝地，但由于缺乏水源保证，水面波动较大。近年来随着综合开发利用和自然保护意识的增强，使衡水湖的知名度迅速提高。现在的衡水湖是国家级湿地自然保护区，华北第二大淡水湖，碧波千顷，水天一色，苇荡鱼游，鸭戏鹭飞，已成为衡水市最主要的旅游景点。保护区管理面积为 268.34km²，东至善官村，西至大寨村，南至堤里王，北接滏阳河。衡水湖位于邢衡高速公路衡水段枣园（邢衡界）至衡水北互通段桩号 AK11 以东约 8km 处，距离高速公路较远。

(2)滏阳河

该河历史悠久,为禹贡所称九河之一,初名滏水。滏阳河为天然河道,古为入漳河支流。

滏阳河发源于邯郸市峰峰矿区,其源有二:北源出于矿区滏山南麓,南源出于矿区神麇山龙洞泉,两支汇于临水镇,经东武仕水库后趋东南绕磁县城南流向东北,流经磁县、邯郸市区、永年县、曲周县、平乡县、任县、隆尧县、宁晋县和新河县,在新河县的郁宋张砖村入衡水市,向东北经桃城区、武邑县、武强县,在庞幢村以下如沧州市的献县,在东贾庄桥北与滹沱河回流,经献县枢纽入子牙河和子牙新河。滏阳河干流长 518km,流域面积 26 300km^2,自冀州市南枣园村入衡水市,至武强县庞幢村出衡水市东入沧州市,境内段长 135.7km,流域面积 26 300km^2,河道纵坡 1/9 800～1/38 000,河底高程+19.5～+7m,河底宽 13～25m,堤顶高程+26.5～+19.5m,两堤间距 150～700m,流量 200～250m^3/s。

滏阳河在 1965 年以前,长年有径流,一年三季通航,沿岸水上运输比较方便,商业较为发达,同时用河水灌溉田地,沿岸颇受其益。后因上游盲目发展灌溉,来水日少,航运遂被陆运取代。滏阳河流经邢衡高速,邢衡高速公路衡水段枣园(邢衡界)至衡水北互通段滏阳河特大桥跨滏阳河中心桩号 AK20+763。

(3)滏阳新河

滏阳新河属海河排涝工程,于 1965～1968 年由人工开挖的行洪河道,其目的是为解决 1963 年洪水危害,是"根治海河"工程的一个重要组成部分。河道全长 133.7km(衡水境内长 89km),控制面积 14 420km^2。该河上口起自邢台地区宁晋县的艾辛枢纽。左右两堤分别于宁晋泊的北围堤和东围堤相接。左堤自宁晋泊小河口北堤起,下至沧州地区的献县贾庄桥。右堤自艾辛庄宁晋泊东堤起,至献县枢纽全长 129km(衡水地区境内长 86.19km),堤顶宽 8m,堤内坡上部为 1∶3,下部为 1∶5,堤脚有 10m 宽平台,外坡 1∶3,堤顶高程为+32.10～+18.5m,地面高程为+24.7～+12.57m,堤高一般为 5.5m,两堤间距为 1.2～1.5km(千顷洼段为 2km)。设计行洪能力为 3 340m^3/s,校核流量为 6 700m^3/s。其深槽底宽 11～23m,河底高程为+19.7～+7m,边坡 1∶4(衡水湖段 1∶7),设计水深 6m,纵坡为 1/10 000～1/16 000,设计行洪能力为 250m^3/s。滏阳新河控制面积,在艾辛庄枢纽以上为 14 420km^2,两堤之间面积为 195km^2。滏阳新河流经邢衡高速,邢衡高速公路衡水段枣园(邢衡界)至衡水北互通段滏阳新河特大桥跨滏阳新河中心桩号 AK14+795。

(4)滏东排河

滏东排河是根治海河工程的一部分,修于 1967～1968 年修筑滏阳新河右堤的同时,作为大堤取土区挖成该河。1976～1980 年又进行了扩挖,该河上起邢台地区宁晋县的孙家口村,上游接纳老漳河、小漳河的沥水,沿滏阳新河右堤自西南向东北经新河县的六户村入衡水地区的冀县,经码头李镇、傅官、小寨、南良 4 个乡,在顺河进入武邑县,向东北经巨鹿、冀衡农场、李开河、邓庄 4 个乡,在顺河庄进入武邑县,向东北经苏正、城关镇、前怀甫、赵桥、马回台 5 个乡、镇,在田村进入武强县台南乡,向东北自闫五门村进入沧州地区泊头市,在冯庄闸分为两支,一支经连接渠入老盐河,一支入北排河。自宁晋县孙家口村至献县冯庄闸,干流全长 121km,流域面积 4 409km^2。从冀县至小寨始,至武强闫五门村止,为流经衡水地区地段,全长 87km,流域面积 2 020km^2。扩建后的河道底宽 50～73m,河底高程为+19.26～+7.48m,边坡 1∶4,

糙率 0.022 5；左岸弃土，满足滏阳新河右堤培堤要求，一般低于堤顶 0.2～2.0m；右岸弃土高于地面 3.0m，高于河底 10m；两岸滩地各留 30m，设计水深 6m，设计流量 432～540m³/s。滏东排河流经邢衡高速，邢衡高速公路衡水段枣园（邢衡界）至衡水北互通段滏阳新河特大桥跨滏东排河中心桩号 AK13＋920。

2.1.1.3　地形地貌

(1)河北平原整体地貌

河北平原为华北平原的一部分，被燕山山地和太行山山地环绕，东临渤海。整体地势由北、西向南东倾斜，大部分地区海拔高度低于 50m。根据地貌形态、成因可将河北平原划分为三部分：山前倾斜平原、中部冲积一湖积泛滥平原、东部滨海平原。

①中部冲积—湖积泛滥平原

河北平原中部是黄河和海河各大支流在历史上多次迁徙、泛滥而成的冲积一湖积平原，地处太行山东麓山前倾斜平原与沧州滨海平原之间，北与北京市、天津市境内平原相接，中部冲积一湖积泛滥平原又可以分为冲积扇平原、冲积平原、冲积湖积平原三个地貌类型。

②中部冲积—湖积泛滥平原地貌特征

冲积扇是较大河流出山后主要由常年性流水冲积而成的扇形地，主要有滦河、潮白河、永定河、滹沱河、漳河等冲积扇。

滦河冲积扇，因冀东燕山与渤海相距较近，滦河冲积扇和河口三角洲叠置在一起，形成冲积扇—三角洲结构。第四纪以来，滦河曾多次改道，并逐渐向东摆动，使滦河古冲积扇遭破坏。陈玉孙、刘晓光、高善明等认为，中更新世时滦河在丰润出山，形成丰润冲积扇；晚更新世，滦河在迁安出山，形成迁安以下的冲积扇；全新世，滦河在滦县出山，形成滦县以下的冲积扇一三角洲。吴忱认为在秦皇岛境内的昌黎平原不应该归为滦河冲积扇平原，而应该是青龙河晚更新世形成的冲积扇形平原，因为当时青龙河还没有汇入滦河。

白洋淀、文安洼、大清河水系以北，包括北京平原、天津市西部平原在内的山前倾斜平原，均属于永定河和潮白河冲积扇。河北省境内为上述两种冲积扇的前缘或中腰的一部分。滹沱河冲积扇顶点在黄壁庄附近，前缘一直到滏阳河左岸附近，长达 100～140km。

在石家庄市区附近滹沱河冲积扇逐渐向东南展开，然后又向东北偏移，是新老冲积扇相互叠置的复合型冲积扇。顶部地面坡降 1/500 左右，中腰部分 1/1 000～1/5 000，前缘地势低洼，地面坡降小于 1/5 000。

漳河冲积扇也是河北省大型冲积扇之一。顶点在月城水库东侧时村营附近，平面形状为一个向东北偏转的扇形地，前缘达曲周—馆陶—大名一线，长达 90 余 km。

冲积平原分布在冲积扇平原至滨海平原之间的广大区域，呈宽带状沿东北方向延伸，区内分布着大面积的冲积洼地与冲积高地。在两个大冲积扇之间和冲积扇前缘有冲积湖积地貌和湖积地貌。在中部平原上分布着两处大型洼地：白洋淀、文安洼洼地和大陆泽、宁晋泊洼地。

(2)白洋淀、文安洼洼地

白洋淀、文安洼洼地是河北省中部平原大型洼地之一，其成因是冲积扇前缘和河间大型交接洼地，同时也与该区在新构造运动中地壳下沉幅度有关。

白洋淀地处安新、高阳、容城、雄县、任丘5县境内，承接潴龙河、唐河、府河、漕河、瀑河、萍河等洪、沥水，淀四周有人工堤环绕，总面积366km²。淀底高程一般在海拔5.0～5.5，地形复杂，纵横交错的3 700多条沟濠把淀面分割成大小不等的淀泊143个，白洋淀是其总称。白洋淀是在中全新世河北平原中部湖泊、沼泽、洼地的基础上，由晚全新世永定河、滹沱河河流冲积扇的挟持和古河道高地的分割而形成的扇间大洼地群。文安洼在历史上曾与白洋淀相通，地处子牙河以西文安县境内，承接大清河以南地区的沥水及大清河、子牙河决口洪水。文安洼曾长期积水，现在大部分地区成为平地，部分低洼处季节性积水。洼内地势更低，大部分海拔2～4m，地面坡降1/6 000～1/4 000，土质主要有亚黏土组成，土壤盐渍化严重。

(3)大陆泽、宁晋泊洼地

大陆泽、宁晋泊位于宁晋县和永年县之间，南北长90km，东西宽30km。宁晋泊居北，大陆泽居南，此外还有永年洼等洼地。本区属于太行山东麓洪积—冲积扇前与古黄河之间的交接洼地。

在中部冲积—湖积泛滥平原上还分布着冲积决口扇、冲积洼地、冲积高地、湖积微高地、湖积冲积洼地等微地貌类型。冲积洼地和冲积高地在中部平原成条带状、树枝状分布，且沿河流方向排列。湖积微高地、湖积冲积洼地主要分布在湖积平原，湖积微高地分布面积较小，成椭圆状分布；湖积冲积洼地分布面积较大，成扇形、条带状分布。

(4)衡水湖洼地

衡水湖北邻衡水市，地处滹沱河古冲洪积扇及其与滏阳河沉积的交错地带古黄河、古漳河长期泛滥淤积而形成的冲洪积平原区(Ⅲ)，地形平坦而略有起伏，平均海拔+15～+45m。现存地貌为第四纪松散沉积物，地势平坦开阔、洼地及平地相间的地貌类型，区内为冲洪积平原地貌形态，如图2-2所示。拟建邢衡高速公路衡水段A线方案枣园(邢衡界)至衡水北互通段和Z线方案衡水南绕城段，跨越新冲洪积平原亚区(Ⅲ2)、冲积平原亚区(Ⅲ3)两个亚区，以及扇上平地或缓斜地小区(Ⅲ2-2)、扇上或扇间洼地小区(Ⅲ2-3)、古河道高地或微高地小区(Ⅲ3-1)、泛滥坡地平小区(Ⅲ3-2)、泛滥洼地小区(Ⅲ3-3)等五个小区，区域地貌图如图2-3所示。拟建路线经过全新世、晚更新世的冲积扇、古河道地带。

a)

b)

图2-2 沿线地形地貌

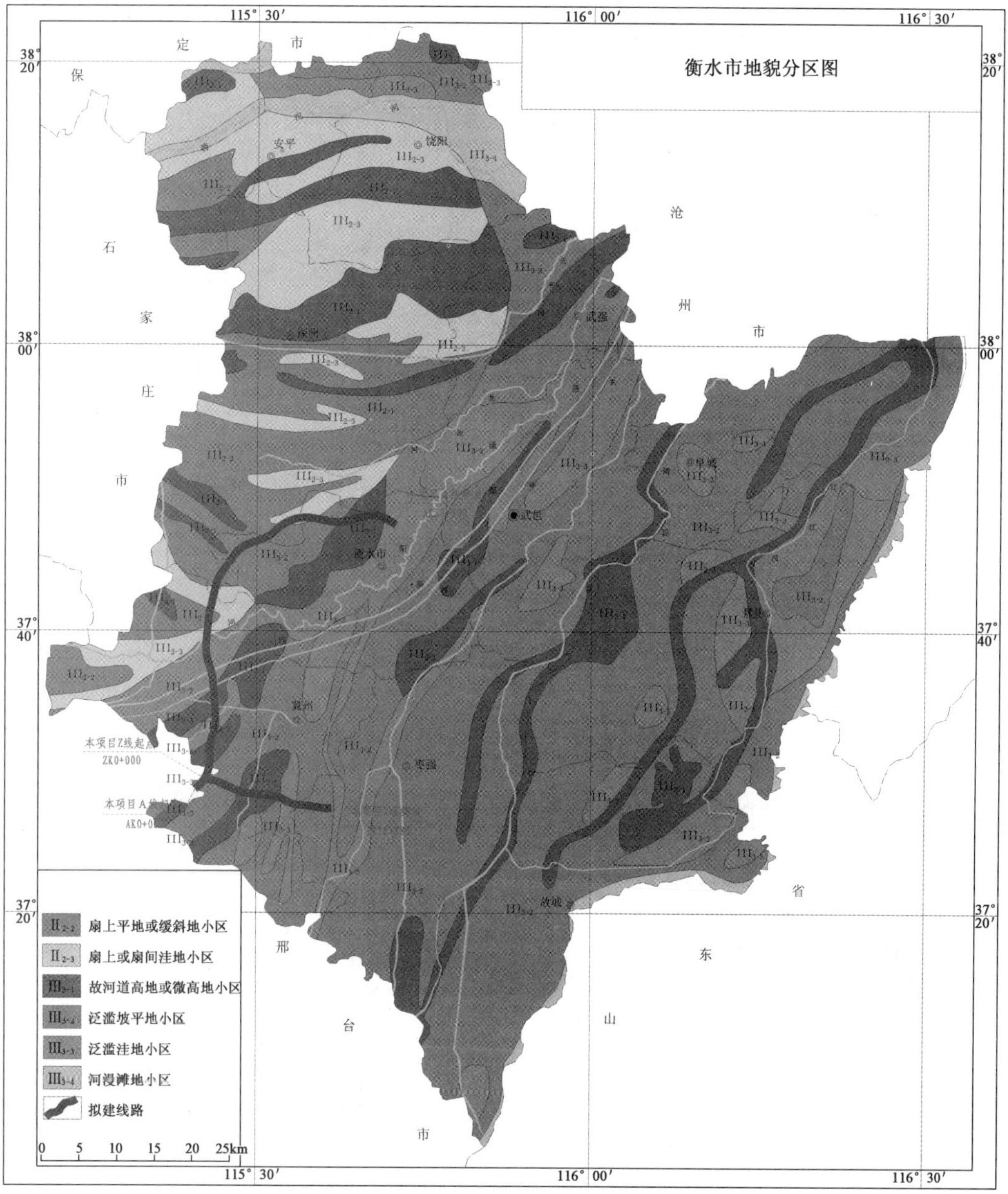

图 2-3　区域地貌图

2.1.2　区域地质构造

2.1.2.1　区域大地构造特征

工作区位于华北断块区内部，大致位于鄂尔多斯地震构造区东部边缘和华北平原地震构造区中南部。华北断块区是我国的一个大地构造和地震活动单元，断块区内部结构和地震活动表现出明显的分区性，大致以太行山为界，西部地区为鄂尔多斯地震构造区；太行山以东地区称为华北平原地震构造区。华北断块区活动构造及强震震中分布图如图 2-4 所示。

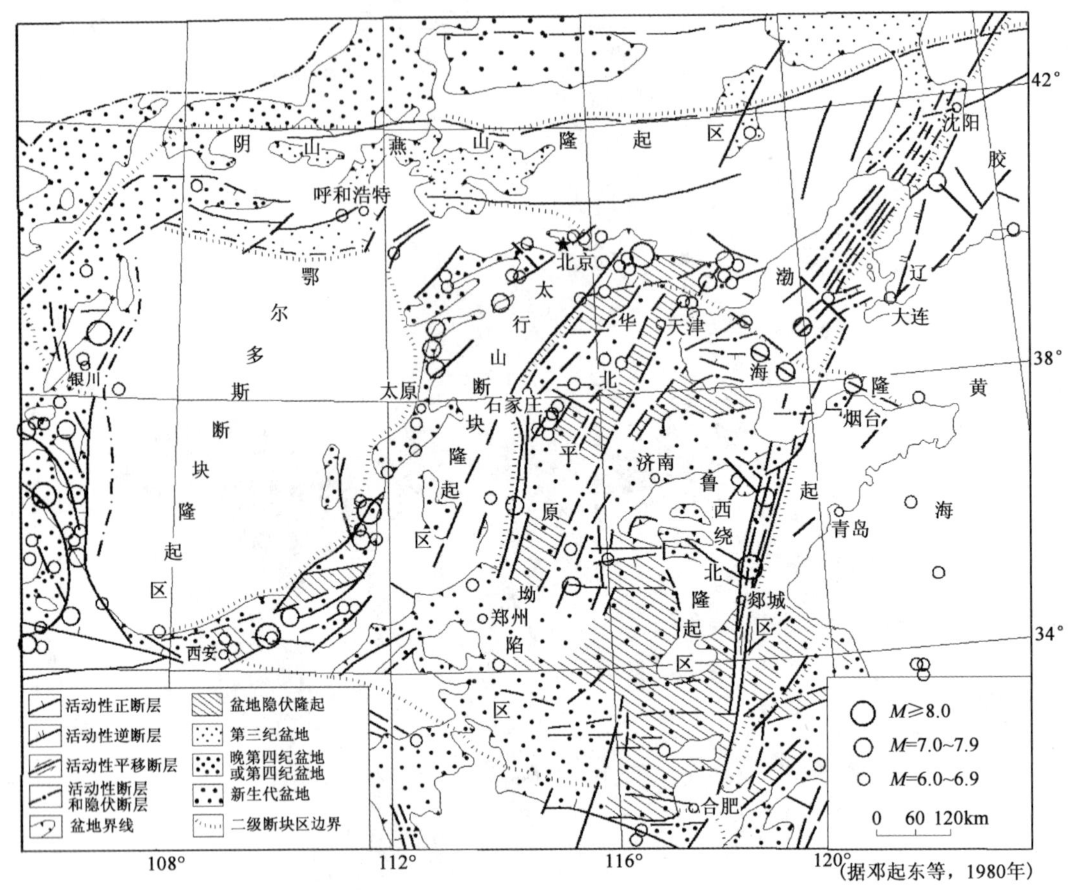

图 2-4 华北断块区活动构造及强震震中分布图

(1)鄂尔多斯地震构造区

鄂尔多斯地震构造区具有较规则的块体运动图像，由鄂尔多斯断块隆起及其周边的断陷带组成。周边的四条第三纪－第四纪断陷带是现今仍在活动的剪切拉张带和强烈地震带。地震与地质构造的关系比较明确，6 级以上强震除个别震中外都落在断陷盆地内，并与晚更新世—全新世活动断裂有关。鄂尔多斯断块隆起是一个完整的地壳块体，内部差异性构造活动微弱，地震活动稀少，是一个构造活动微弱区。

鄂尔多斯断块的东边界是山西断陷带，又称为山西剪切拉张带。此断陷的太原盆地位于本工作区内。

(2)华北平原地震构造区

太行山以东的华北平原地震构造区的地震活动强烈，而且是自 1815 年至今华北地区第四地震活跃期强震活动的主要场所。强震震中分布虽然比鄂尔多斯地震构造区分散，但仍有较清楚的集中成带特征；地壳上部表现的多隆多坳、多凸多凹多层次断块构造与地震带和剪切为主的地震破裂表现出不协调的现象，发震构造是浅层断层对应的深断裂。

(3)地震构造带

地震在空间分布的不均匀性即集中成带特征是地震活动的基本特征之一。强震连延带常与活动断裂带一致，称为地震构造带。地震构造带常表现为：强地震连延带、小地震密集带、第四纪活动断裂带和地壳深断裂带，是长数百公里宽数十公里的地震发生带，可视为潜在震源带。华北地区的地震构造带的走向为 NNE-NE 向和 NWW-NW 向，两个方向恰为华北地区多震层应力场的最大剪切应力方向，前者为右旋剪切带，后者为左旋剪切带。在本工作区通过的地震构造带（图 2-5）有：华北平原地震构造带。北起自卢龙、滦县地区，向西南经唐山、宁河、天津西、河间、深县、辛集、任县、邢台、邯郸，再向南过汤阴至新乡，呈 NE-NNE 向，总长 560km。

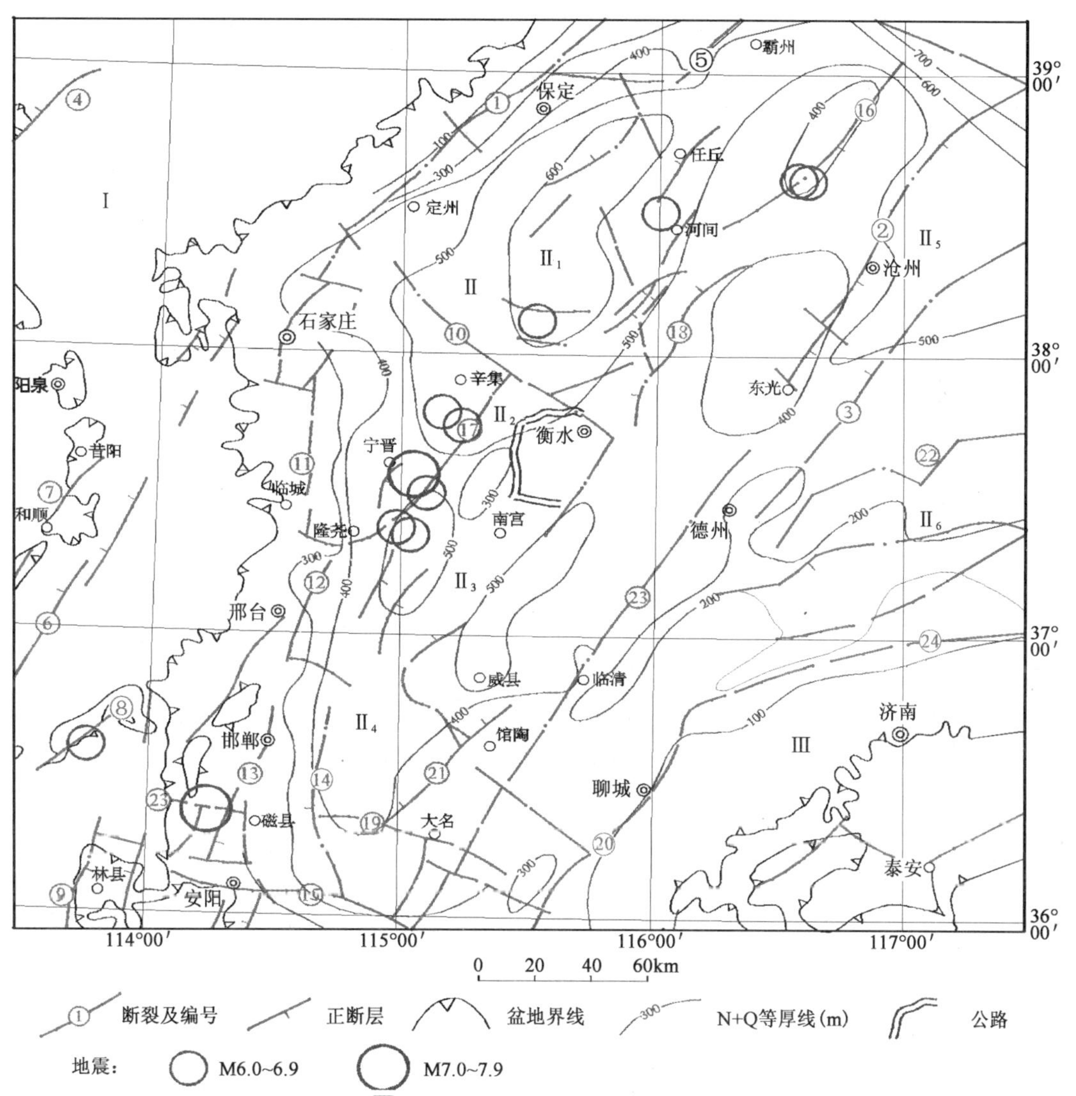

新构造分区：Ⅰ　太行山隆起区

Ⅱ　华北平原坳陷区：$Ⅱ_1$-冀中隆起；$Ⅱ_2$-邢衡隆起；$Ⅱ_3$-临清坳陷；$Ⅱ_4$-内黄隆起；$Ⅱ_5$-沧县隆起；$Ⅱ_6$-埕宁隆起

Ⅲ　鲁西隆起区

主要断裂：①-保定-石家庄断裂；②-沧东断裂；③-埕西-羊二庄断裂；④-系舟山断裂；⑤-牛东断裂；⑥-晋获断裂；⑦-井陉-左权断裂；⑧-涉县断裂；⑨-临县西断裂；⑩-衡水断裂；⑪-元氏断裂；⑫-邢台东断裂；⑬-邯郸断裂；⑭-临漳断裂；⑮-安阳断裂；⑯-天城东断裂；⑰-新河断裂；⑱-沧西断裂；⑲-临漳-大名断裂；⑳-聊-考断裂；㉑-馆陶断裂；㉒-临邑断裂；㉓　磁县断裂；㉔-广齐断裂

图 2-5　工作区地震构造图

带内发育的 NNE-NE 向第四纪活动断裂有：卢龙断裂、唐山断裂带、沧东断裂、大城东断裂、新河断裂、太行山山前断裂带的邢台一磁县段。此外，还有一些 NW-NWW 向第四纪活动断裂与 NE-NNE 断裂交汇，构成共轭构造组合。如蓟运河断裂、衡水断裂和磁县—大名断裂等。

华北平原地震构造带也是一条强震连延带，1815 年至今尚未结束的华北地震区第四活动期主要在此带活动，记录到的 6 级以上强震有：1830 年磁县 7.5 级地震、1966 年邢台 7.2 级地震、1882 年深县 6 级地震、1967 年河间 6.3 级地震、1976 年唐山 7.8 级地震、1945 年滦县6.25 级地震等。强震破裂也有 NNE 向和 NWW 向两组，前者如唐山 7.8 级地震、邢台 7.2 级地震等；后者如磁县 7.5 级地震、河间 6.3 级地震及 1976 年宁河 6.9 级地震等。

2.1.2.2　区域新构造运动

在工作区内(见表 2-1)，新构造活动单元走向 NNE—NE 向，太行山山前断裂以东为华北平原坳陷区，该区又可划分为 7 个次级单元，它们是邢衡隆起区、临清坳陷区，内黄隆起、汤阴地堑、东濮断陷、冀中坳陷和济阳坳陷。太行山山前断裂以西为太行山隆起区，该隆起以西是构成鄂尔多斯隆起东边界的山西断陷带。

区域新构造运动分区　　表 2-1

新构造分区		新构造运动特征
山西隆起区	太原盆地	次级盆地右行斜列排列，总体走向北北东，平面上呈“S”形，盆地的形成严格受断裂控制，上新世开始裂陷，由南向北发展，第四纪继承性活动，盆地边界断裂且第四纪活动强烈。地震活动强度大，频度高
	太行山隆起	以间歇性上升为主，内部差异活动较弱，发育个别山间盆地，如晋城盆地等。地震活动水平较低，以中小地震活动为主
华北平原坳陷区	冀中坳陷	华北断陷盆地是由多个次级盆地组合而成，这些盆地大致于始新世在中生代构造隆起背景上发生裂陷作用形成，中新世时整体沉降，形成统一的盆地，但盆地内部的差异活动仍以次级盆地或断块的活动为基础。华北断陷盆地断裂活动以北东向右旋走滑拉张为主。断陷内地震活动强烈，强震活动与北东向的断陷盆地及其边缘断裂有关，但同时又受控于北西向构造带
	邢衡隆起	
	临清坳陷	
	汤阴坳陷	
	内黄隆起	
	东濮坳陷	
	济阳坳陷	
鲁西隆起区	鲁西隆起	鲁西隆起以聊考断裂为西界的地区，地貌属于与华北平原盆地连接在一起的鲁西南平原区。在第三纪以来华北平原沉降区裂陷范围不断扩展的背景下，晚第三纪初期继续有充填式沉积，本区呈徐缓隆起状态，其后则普遍发生超覆。第四纪以来，本区与华北平原已浑然一体，呈总体沉降趋势，形成了新的坳陷区

2.1.3　断裂构造

2.1.3.1　工作区的第四纪活动断裂

工作区内第四纪活动断裂十分发育，已知各类第四纪断裂 32 条，表 2-2 给出了工作区的部分活动断裂。

区域主要活动断裂一览表

表 2-2

编号	断裂名称	长度(km)	产状			断层性质	活动时代	地震活动
			走向	倾向	倾角			
1	保定—石家庄断裂	200	0-40	E	30	正	Q_1	
2	沧东断裂	350	30	SE	20-50	正	Q_2	浅震勘探
3	埕西—羊二庄断裂	80	NE	NW	50-70	正	Q	
4	系舟山断裂	109	50	NW	60	正	Q_4	
5	牛东断裂	70	NE	SE	35-70	正	Q	
6	晋—获断裂	350	30	SE	50-80	正	Q	1909 年和顺 5 级地震
7	井陉—左权断裂	200	30	SE	52-60	正	Q	
8	涉县断裂	60	NE	NW		正	Q	
9	林县西断裂	70	NNE	SE		正	N-Q	
10	衡水断裂	130	NWW	NE		正	Q_1	
11	元氏断裂	60	S-N	E		正	Q	
12	邢台东断裂	120	10-20	SEE	40-60	正	Q_2	
13	邯郸断裂	34	10	SEE	40-60	正	Q_3	
14	临漳断裂	80	NNE		40	正断	Q	
15	安阳断裂	80	NWW	N	80	正	Q	
16	大城东断裂	160	35	SE	35-40	正断	Q	与 1967 年河间 6 级地震有关
17	新河断裂	70	30	NW,W	25-50	正	Q_4	1966 年邢台 7.2 级地震
18	沧西断裂	80	NE25-35	NW	30-40	正	Q	
19	临漳—大名断裂	90	NWW	NNE	80	正	Q_3	
20	聊—考断裂	70	NE	NW	50	正	Q	
21	馆陶西断裂	105	30	NW	40	正	Q	
22	临邑断裂	100	NEE	S	40-60	正	N-Q	
23	磁县断裂	90	NWW	N		正	Q_4	1830 年磁县 7.5 级地震
24	广齐断裂	180	NEE-EW	N	40—60	正	Q_1-Q_2	

2.1.3.2 工作区第四纪活动断裂特征

(1)NE-NNE 向活动断裂是区内的主干活动断裂,其次是与之近于正交的 NW-NWW 向活动断裂。它们对分析区域构造地貌、第四纪地质、新构造运动起重要作用,规模较大,一般长度在数十至数百余公里,往往成为划分不同级别活动构造单元的边界断裂。

(2)根据多年断裂活动性的研究资料,第四纪活动断裂区分为全新世(Q_4)、晚更新世(Q_3)、中更新世(Q_2)、早更新世(Q_1)等不同时代的活动断裂,对于无法判明准确最新活动时代的断裂划为第四纪活动断裂。许多断裂具有活动分段特征,有些断裂每个活动段很小,一般是盆地边缘的拉张性活动。

(3)区内断裂第四纪活动性质以正断层为主,说明拉张应力场起着主导作用。断层在剖面上多为上陡下缓的铲形断层,断面消失在 10km 深度以内。有些第四纪活动断裂的倾角很小

(20°～30°),成为滑脱拆离构造,如太行山山前断裂的中南段。

(4)区内各活动构造带第四纪活动性有所不同,山西断陷带第四纪活动断裂以盆地的主控断裂为主,该带的主干 NNE 向断裂走滑分量大于倾滑分量。

2.1.3.3 近场区地震构造评价

(1)晋县断裂

晋县断裂西起东镇,经柏乡、换马店、南柏舍、范庄、马于镇至小樵镇,全长近 100km,该断裂又称柏乡断裂。晋县断裂是晋县凹陷东侧的主控边界断裂,走向 NE40°,倾向 NW,倾角 30°～40°,晋县断裂斜接于元氏断裂的南端。晚侏罗世—早白垩世时它与元氏断裂一起控制了地堑式断陷盆地的发育,堆积厚 3 000～4 000m 的上侏罗统和白垩系地层。早第三纪此断裂控制了晋县凹陷,堆积的下第三系地层厚 3 000m 左右。

(2)新河断裂

新河断裂南起西郭城,经观寨、侯口、王口、新城至和睦井,全长约 91km。新河断裂是束鹿盆地东侧的主控边界断裂,走向北北东,倾向北西西,正断倾滑性质,主要切割了古生界、中上元古界的蓟县系、长城系及前长城系变质岩,直接控制了下第三系地层的发育。新河断裂呈上陡下缓的"铲状"形态,上部倾角较陡 45°～55°,下部 25°～35°,向下延伸达 8～10km,接近水平,终止在东倾滑脱面上;向上切入了上新统地层和第四系地层下部,活动性逐渐减弱,消失在中更新统或晚更新统底部附近。

(3)衡水断裂

总体走向北西 60°在衡水附近的一段走向北西 45°左右,倾向北北东,上部倾角最大 60°,下部倾角小于 50°,全长约 70km。衡水断裂东段与北北东向献县断裂交汇;中段与北东东向前磨头断裂和护驾迟断裂交汇;西段与北北东向新河断裂交汇。衡水断裂早第三纪时期活动十分强烈,构成冀中坳陷与邢衡隆起的边界,断裂北侧下降盘是冀中坳陷的深县凹陷和饶南凹陷;断裂南侧上升盘是邢衡隆起的新河凸起和前磨头凹陷。深县凹陷的沉降中心靠近衡水断裂,深达 7 000m,其中始新统 1 000m 以上,渐新统 4 000m,上第三系和第四系 2 400m。断裂下第三系底面落差 3 600m,上第三系底面落差达 800～1 000m,衡水断裂晚第三纪以来活动性分段性十分明显,据多条穿过断裂的人工地震剖面资料,总的活动趋势是西段活动强而东段活动弱。用浅层人工地震勘探查明衡水断裂的第四纪活动,国土资源部水文地质工程地址技术方法研究所于 1989 年在白村布设近南北向浅震测线,测线长 1 605m。探测结果表明,在 CDP270-265 处出现与上第三系顶板相应的 T1 波组错断现象,断面倾角陡,北倾,正断层,断距 12.7m。

(4)前磨头断裂

前磨头断裂是一条规模不大的正断层,北段走向北东 60°,倾向北西;西南段走向近东西,倾向北。断面上部倾角 60°,下部约 45°。该断裂发育在邢衡隆起内部,是面积不大的前磨头凹陷的主控断裂。凹陷中心位于靠断裂的一侧。断层上端切断上第三系地层底面,并延入上第三系地层和第四系地层。

国土资源部水文地质工程地址技术方法研究所于 1989 年在衡水电厂布设近南北向浅层人工地震测线,探测结果表明前磨头断裂最新活动在早更新世早期,早更新世底面断错 16.2m。断裂走向北北东,全长 80 余 km,是沧县隆起和冀中拗陷的边界断裂,石油地震勘探剖

面，显示断面倾角上部约60°，下部为50°左右。断裂以东的沧县隆起上基本缺失早第三纪沉积或厚度甚薄，断裂两侧下第三系底面落差3 000m左右，上第三系底板落差为300m左右。

在第四系等厚线图中可看出，沿沧西断裂有一厚度变化梯度带，似乎表明在第四纪时期它有一定的活动性。中国地震局地质所曾在崔乡进行了浅层地震探测，勘探结果表明，沧西断裂在350m处尚无反映，该深度已接近第四系底界位置。沧西断裂在第四纪期的活动是比较弱的，而且即使有活动也发生在晚第三纪末或第四纪早期。

由于邢衡高速衡水段京九铁路分离式立交距离衡水断裂较近，所以为确定该桥址处是否存在活动断裂，河北省工程地震勘察研究院于2010年9月27～28日开展了工程场地浅层地震勘探工作。

浅层地震勘探结果表明：反射时间剖面中的T1、T2反射波同相轴可连续追踪，显示没有断层存在。根据地层资料和时—深转换剖面，T1为全新统(Q_4)底界面，T2为晚更新统(Q_3)底界面，工程场地内没有第四系断层存在。

(5)工程场地评价

根据河北省工程地震勘察研究院《邢衡高速公路衡水段工程场地地震安全性评价报告》结论：邢衡高速公路衡水段(K0+000—K55+252.446)全线为0.10g；衡水南绕城段里程标ZK0(起点)——里程标ZK9为0.10g，里程标ZK9——里程标ZK16+885(终点)为0.05g。

2.1.4　凹陷构造

衡水地区的凹陷构造主要为南宫断凹。南宫断凹(Ⅳ级)是中朝准地台(Ⅰ级)、华北断拗(Ⅱ级)、临清台陷(Ⅲ级)的次级构造单元。南宫断凹呈南西—北东向发育，为东断西超型箕状断凹，其西部和北部为新河断凸包围，东部与明化镇断凸以明化镇断裂为界，南部与广宗断凸相邻，面积约910km^2。基底为中生界与上古生界地层，内幕呈倾向东南的单面山，倾角8°～25°，断槽最深部位达4 400m。衡水湖就位于南宫断凹的北端。

2.1.5　地裂缝

2.1.5.1　地裂缝的特征

衡水地区自20世纪80年代以来，地裂缝频繁发生，发育在全新世冲洪积相岩性颗粒较粗的亚砂土和砂层中，全市共发现地裂缝32条，涉及10个县市25个村庄，发生时间、地点、规模、分布特征、危害损失、发展趋势如表2-3所示。地裂缝走向多呈近NW向，单条长度一般为200～500m。其中，从石家庄市的辛集马疃延伸至本区的安平县王刘村—深州市大贾村—东蒲疃—饶阳固店—北马庄地裂缝，为河北省最长地裂缝，衡水市境内发育长达36km，裂缝宽度一般2～100m，并伴有地面塌陷坑。

本区多数地裂缝发生后即呈稳定型，经填埋处理后裂缝消失，个别地裂缝具活动性，如位于本区东北部武邑县青冢—南青林—东青林—阜城县前黎庄—韩关地裂缝，总体展布方向45°。1998年首先在前黎庄、韩关出现地裂缝，1999年在青冢、南青村、东青林发生地裂缝，之后地裂缝继续在地表呈断续延伸，伴有地面塌陷坑，穿于田间及村庄，地裂缝经多次人工填埋夯实后再次出现，每年在农灌季节，在地裂缝原发生地出现程度不同的裂缝及塌陷坑。

表 2-3

衡水市 2008～2010 年地裂缝统计表

地点	发生时间	走向	长度	主 要 特 征	危害及经济损失	发展趋势	减灾措施	资料来源
武强西辛庄	2008 年 6 月	南部 10°～190° 北部 60°～240°	南部 4m 北部 7m	2008 年 6 月 30 日，几场较大降水以后，在村西 500m 处农田内发生地裂缝。地裂缝长约 51m，裂缝宽 0.2～0.5m，并伴有地面塌陷坑，塌陷坑宽度 0.5～0.85m，可见深度 1.0～1.5m，塌陷坑具有上窄下宽的特征，地表下可见地下空洞。裂缝两侧无明显位移及上下错动现象，裂缝发生地带地面地势较洼	裂缝使灌溉漏水严重	地裂缝未经填埋，地裂缝有加重的迹象，应尽快填埋夯实，防止汛期加重地裂缝灾害	尽快填埋夯实。做好地面排水设施	实地调查
安平县程油子乡东石庄	2008 年 6 月	100°	500m	裂缝宽约 0.10～0.5m，并伴有巨大地面塌陷坑，塌陷坑宽度 0.5～2.5m，可见深度 1.5～2.5m，地面种植的杨树与地面塌落至塌陷坑内。地裂缝发生在农田及林地，未有发生人员伤亡。但地裂缝距民房只有 10m，应时时监测地裂缝的发展，避免地裂缝灾害危及民房	地裂缝发生在农田及林地，未有发生人员伤亡	地裂缝距民房只有 10m，应时时监测地裂缝的发展，避免地裂缝灾害危及民房	对已出露地表的地裂缝尽快填埋夯实。平整土地，完善地面排水设施	实地调查
武邑青冢—东青林—南青林至阜城县韩关—前黎庄	1993～2008 年	60°	8km	本次巡查，在几次较大降雨之后，地裂缝又重新裂开，裂缝宽度一般 0.2～0.5m，沿地裂缝发育地面塌陷坑，地面塌陷坑宽 1.0～1.5m，可见深度 1.5～2.5m，比原来地裂缝宽度加大，可见深度加深，地面出露延伸长度加长。2007 年前韩关至前黎庄地裂缝地面出露到前黎庄村南农田内，现已延伸至后黎庄村南清凉江东岸东 50m 的农田内	地裂缝穿过南青林民房及韩关小学，致使民房及韩关小学教室开裂，韩关小学已搬迁，村民仍住在危房中	东青林村东地裂缝原只在村东农田内出现，现延伸至清凉江西岸边，如果地裂缝继续发展，清凉江河道开裂，直接威胁清凉江引黄入津送水安全	对已出露地表的地裂缝尽快填埋夯实，平整土地，完善地面排水设施。对危及到的民房，建议进行搬迁，禁止在裂缝带修建房屋及地面建筑，并对地裂缝进行时时监测，发现新地裂缝及时填埋夯实	实地调查

续上表

地点	发生时间	走向	长度	主要特征	危害及经济损失	发展趋势	减灾措施	资料来源
故城小杨庄	2009年6月	90°	63m	2009年6月19日地裂缝发生于故城县房庄乡小杨庄村西北700m农田内，裂缝宽约0.15～0.65m，呈断续延伸，伴有地面塌陷坑，塌陷坑具有上窄下宽的特征，裂缝可见深度0.5～0.8m，裂缝两侧无明显位移及上下错动现象。裂缝东部15m位于麦田，西部47m位于棉田，裂缝发生地带地势较洼	农田开裂，灌溉漏水，农作物遭破坏	地裂缝进行了填埋，未有继续发展的迹象	已填埋夯实	实地调查
衡水市经济开发区孙西营	2010年8月	180°	20m	裂缝呈断续延伸，一般宽约0.05～0.20m，最宽0.25m，伴有地面塌陷坑，裂缝可见深度0.5～0.8m，裂缝最初发生于2009年11月，地表出现裂纹，断续延伸5～6m，以后逐渐延伸、加宽，至2010年3月份裂缝延长至约20m，近期两次较大的降水后，裂缝加宽延伸。因村小学已停办改成村委会，未有发生人员伤亡	公路及行人	地裂缝进行了填埋，未有继续发展的迹象	加固车间地基，做好地面排水设施	实地调查

2.1.5.2 地裂缝的成因

衡水地区地裂缝主要成因有如下 4 种。

(1)构造成因

衡水市断裂较为发育,受断裂活动影响,上覆土层易发育同向裂隙。若处于浅层地下水开采区,开采浅层地下水季节,地下水位急剧下降,停采后或丰水季节水位迅速上升,地下水位的急剧波动,对裂隙中充填物具有溶蚀和冲蚀作用,在大的降水过程中,水沿裂缝迅速流入地下,冲刷裂缝两壁的土层颗粒并带入深部,使地下裂缝迅速扩大,上部土体失去稳定从而形成地裂缝。

经勘查分析衡水经济开发区地裂缝、武邑县青冢—南青林—东青林—阜城县前黎庄—韩关地裂缝均属构造成因型,其特点:地裂缝走向与断裂走向基本一致,且延伸较长。武邑县青冢—南青林—东青林—阜城县前黎庄—韩关地裂缝由于受其断裂活动影响,地裂缝每年仍在不同程度地发生。

(2)地下水开采成因

衡水市严重开采深层地下水,导致了地面沉降。由于深层地下水开采量的差异使地面产生不均匀沉降,在地下水漏斗的分水岭,地层处于张性状态,形成一系列连续的张性节理、裂隙。在位于浅层地下水开采区,地下水位频繁升降对节理、裂隙潜蚀、冲刷,形成地下小空洞,遇有强降水及田间灌溉时,强大水流迅速流入地下,急剧加快冲刷、掏空、搬运作用,使地层下部掏空失去稳定,从而形成地裂缝。安平周刘庄地裂缝、郭屯地裂缝主要成因为就是开采地下水。

(3)地表失水,节理开启

由于浅层地下水的下降及长时间的干燥气候,使地表土层失水,地层原结构发生变化。表层土壤大量失水、干燥,土粒的薄膜水变薄,水平收缩力增强,土体产生收缩,干涸的地表出现表面裂缝,这种裂缝沿原来的构造节理更易发生。同时由于不均匀沉降作用,加速裂缝向纵深发展,遇有灌溉及降水时,水流迅速流入地下,冲刷裂缝,使其扩大加宽、加深,从而形成地裂缝。

(4)地面不均匀沉降

本区内已发生地裂缝中,其中一些地裂缝发育在沉降区边缘,受地面沉降影响较严重,在沉降区之间的连接部位,两侧沉降量不同从而产生拉张力,诱发地裂缝。

2.1.5.3 地裂缝的危害

衡水市地裂缝的发生造成了地面建筑物开裂、地面不均匀变形、工程设施破坏、道路切断及农田开裂灌溉漏水等灾害,给人民财产造成了一定损失。

2.2 水文地质条件

2.2.1 湿地面积的动态变化

2.2.1.1 湿地分布及变化情况

河北省(113°04′E—119°53′E,36°01′N—42°37′N)地处温带季风气候区,降水量丰富,多年平均降水量 531.7 mm。降水分布不均太行山东侧以及燕山南麓降水相对较多。年径流量

为 $5.6\times10^9 m^3$。

河北西接太行山，东临渤海湾，中东部地区为面积广大的华北平原。地势西高东低，相对高程落差大。主要河流都源于太行山脉，流经中东部的平原地区最终入海。西部山区降水量大、山体陡峭容易形成地表径流。中东部地区地势平坦，河流流经地势低洼的区域水流汇集易形成天然湖泊。特殊的自然条件孕育了河北省的湿地资源，湿地基本情况如表 2-4 所示，重要自然湿地分布图如图 2-6 所示。

湿地基本情况表　　表 2-4

湿地名称	类型	行政区域	供水河流
白洋淀	湖泊	安新、雄县	拒马河、瀑河、萍河、漕河、府河、唐河、孝义河、渚龙河
衡水湖	湖泊	衡水市	滏东排河、冀吕渠、冀枣渠、冀南渠、西沙河、卫千运河
南大港	沼泽	黄骅	捷地减河、南排河、老石碑河、廖家洼排水渠
闪电河湿地	河流	沽源	闪电河
唐海	湖泊	唐海	沙河、小戟门河、双龙河、青龙河、溯河、小清河
冶河湿地	河流	平山	冶河(黄壁庄水库下游)
七里海	湖泊	昌黎	赵家港沟、泥井沟、刘台沟、刘坨沟、稻水沟
永年洼	湖泊	永年	滏阳河
黄盖淖	湖泊	张北	黑水河
群英湖	湖泊	南宫	冀南渠
海兴湿地	湖泊	海兴	大口河、漳卫新河、宣惠河、淤泥河、大浪淀河
宁晋泊	沼泽	宁晋、隆尧	氏河、午河、北沙河、交河
油葫芦泊	沼泽	丰南、丰润	滦河、永定河
草泊	沼泽	唐海、丰南	沙河
文安洼	湖泊	文安、大成	大清河、子牙河、古洋河、潴龙河
安固里淖	湖泊	张北	三台河、黑水河

湿地类型丰富，大致包括湖泊、河流湿地、沼泽和沼泽化草甸、库塘湿地以及近海及海岸湿地等五类，自然湿地人工湿地交错分布。河流作为联系各个湿地的纽带将各湿地连接起来形成了河北省的湿地生态系统。

河北省特殊的自然条件孕育了具有地方特色的湿地资源，类型全、面积小、分布散是河北省湿地的主要特点。除白洋淀外其他湿地面积都小于 $100km^2$。湿地呈离散分布，多分布在平原、沿海和坝上地区，山区呈零星分布。这主要是由于河北地势西高东低，中东部平原广布，西部山区河流流速快、流量大导致山区水积累少，河流流经平原地区后水流减速，水在低洼处聚集形成零散的湖泊湿地。

水库、人工鱼塘、坑塘等人工湿地结构相对简单，功能单一，其演化的主导因素是人类的生产活动，这里不对该类湿地作研究。对象选择上主要是把天然湖泊、沼泽、草甸作为自然湿地演化和保护的主要研究对象。该类湿地零散众多，本文选取具有典型代表性并具有相当面积及生态、社会、经济价值的湿地为研究对象。参考 2005 年《海河流域图》、《国家湿地调查路线》以及河北省林业局《河北省自然湿地名录》等河北省自然湿地的历史资料，结合 1980～2010 年卫星遥感影像解译。筛选出符合研究标准的湿地分别是：白洋淀、衡水湖、南大港、闪电河湿地、唐海湿地、冶河湿地、七里海湿地、永年洼湿地、黄盖淖湿地、群英湖、海星湿地、宁晋泊、油葫芦泊、草泊、文安洼和安固里淖等 16 个主要自然湿地作为研究对象。根据《全国湿地资源调查路线规程》将河北省的自然湿地划分为三个大类，分别为湖泊、沼泽和河流湿地。

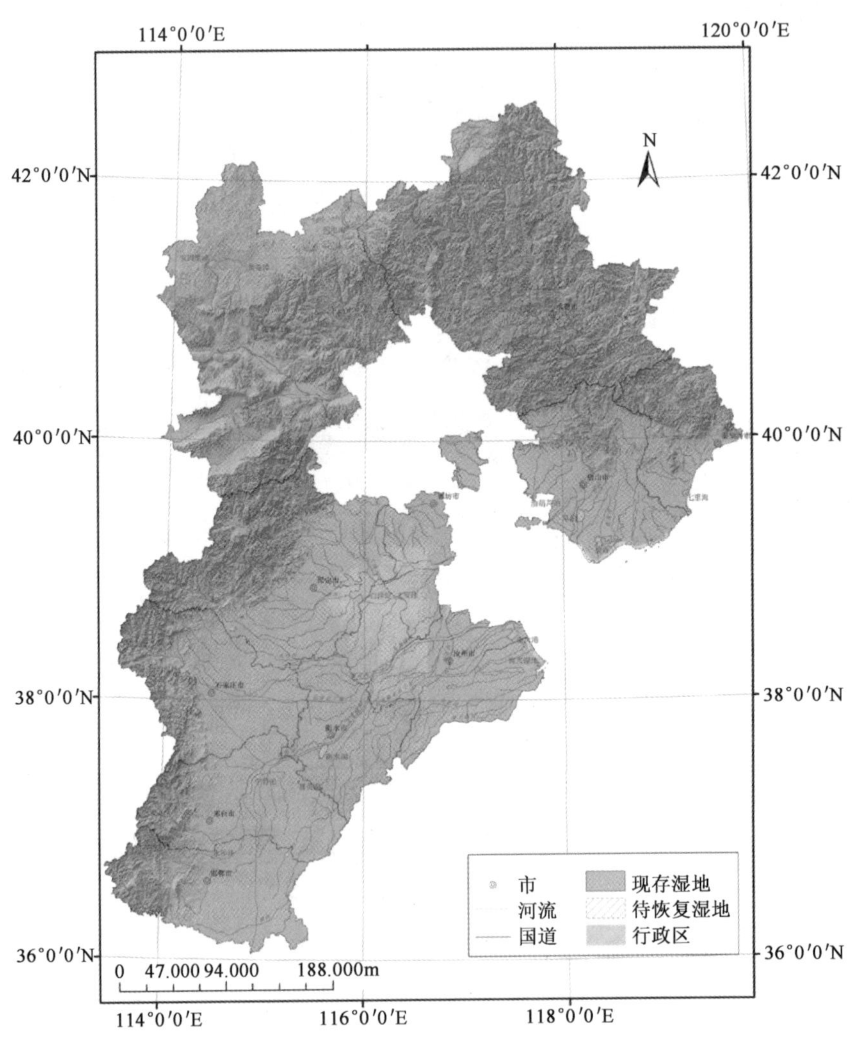

图 2-6　河北省重要自然湿地分布图

表 2-5 显示，河北省的主要自然湿地水域面积呈减少趋势，从 1980～2010 年 30 年时间中，湿地总面积减少了 739.5km^2，占总面积的 58.9%。各湿地退化严重，水面大面积缩减，有些甚至完全退化。油葫芦泊、草泊、文安洼、安固里淖枯水期时期水面干涸，面临巨大的威胁，这三个区域湿地需要恢复重建。白洋淀、衡水湖、滦河口、南大港、唐海等湿地面积也明显减少。受人类活动的影响，人工湿地面积呈增加趋势而自然湿地面积呈逐渐缩小趋势，各湿地普遍存在补给水源不足的问题，常年处于缺水状态，需要依靠外流域调水来维持最低的生态水位，白洋淀、衡水湖每年都需要从外流域调水。

湿地面积动态变化(单位:km²) 表 2-5

湿地名称	1980 年	1990 年	2000 年	2010 年
白洋淀	68.12	170.16	278.43	227.86
衡水湖	53.12	52.88	52.11	52.52
南大港	199.62	125.64	105.75	54.87
闪电河湿地	463.94	170.16	278.43	227.86
唐海	139.86	113.21	90.56	63.66
冶河湿地	3.61	3.45	3.2	1.067
七里海	35.4	18.65	14.12	9.57
永年洼	5.31	3.57	10.12	2.61
黄盖淖	29.72	18.12	7.3	5.15
群英湖	2.12	1.8	1.6	1.9
海兴湿地	110.55	74.53	20.94	3.26
宁晋泊	12.61	11.45	10.4	5.9
油葫芦泊	11.95	4.6	1.5	0.53
草泊	35.53	6.32	1.8	0.32
文安洼	16.98	10.36	6.4	0.312
安固里淖	66.57	50.65	46.89	0
合计	1255.01	928.6	781.53	515.50

2.2.1.2 河北省湿地地类变化

伴随湿地面积缩减,湿地内部的土地类型也发生很大变化。20 世纪 80 年代水资源相对充沛,各湿地水面面积大、地下水位浅。人类活动干扰相对少,湿地内部各种喜水、亲水植物茂盛,水中渔业资源丰富。这时的主导地类以水面和植被为主,裸露土地、建设用地和农用地较少。随着经济发展和人口增加,人们加强对湿地资源的掠夺式开发,大量湿地被开发为农用地或建设用地。经济作物种植替换原生植被,围湖造田使大量湿地转为农用地。而且这些由于人为因素造成的地类转变很难再退还为湿地。为了准确统计 30 年来湿地地类转变,定量分析各地类之间的转化关系,利用近研究区湿地的遥感影像,利用 Edars 软件的监督分类功能统计各地类之间的转换。

本书选取白洋淀、衡水湖、南大港湿地、唐海湿地做地类变化的定量分析统计,结合各个湿地的自身特点,统筹将湿地分为四种地类类型:水面用地、农用地、植被,以及建设用地类。对湿地内部具体植被类型不做详细区分。通过监督分类方法,进行相关地类之间的变化分析。其余 10 块湿地由于面积相对较小,地类变化明显,人工解译遥感影像能直观观察出地类的明显变化,我们对其进行定性的地类变化观察。

进行监督分类的依据是各不同地类在遥感影像上具有不同的光谱表现。在 TM 4、TM3、TM2 假彩色合成的影像上,水体表现为深蓝色或黑色,农用地变现为红色,植被变现为浅红色或粉色,建设用地变现为浅蓝色。利用 Erdas 软件自带的监督分类功能进行分类分为两个步骤,首先要选取 AOI(感兴趣区域),分别在影像上选取多个水体、植被、农用地以及建设用地的特征样本，制作成监督分类的分类模板。制作好分类模板后调用 Classifier 菜单下的 Supervised Classification 功能菜单，设置好参数执行监督分类。蓝色代表水面，绿色代表植被，黄色区域代表农用地，红色区域代表建设用地（含裸地）。白洋淀 1980～2010 年湿地地类变化表和监督分类图如表 2-6 和图 2-7 所示，衡水湖 1980～2010 年湿地地类变化表和监督分类图如表 2-7和图 2-8 所示。

白洋淀 1980～2010 年湿地地类变化表（%） 表 2-6

2010 年 \ 1980 年	建设用地	植被	水面	农用地	转入
建设用地	28.28	10.71	12.41	5.98	29.10
植被	56.42	74.06	55.57	85.06	197.05
水面	0.21	1.80	9.64	0.41	2.42
农用地	11.24	12.59	21.98	7.95	45.81
转出	67.87	25.10	89.95	91.45	—
总变化	−38.77	171.95	−87.54	−45.65	—

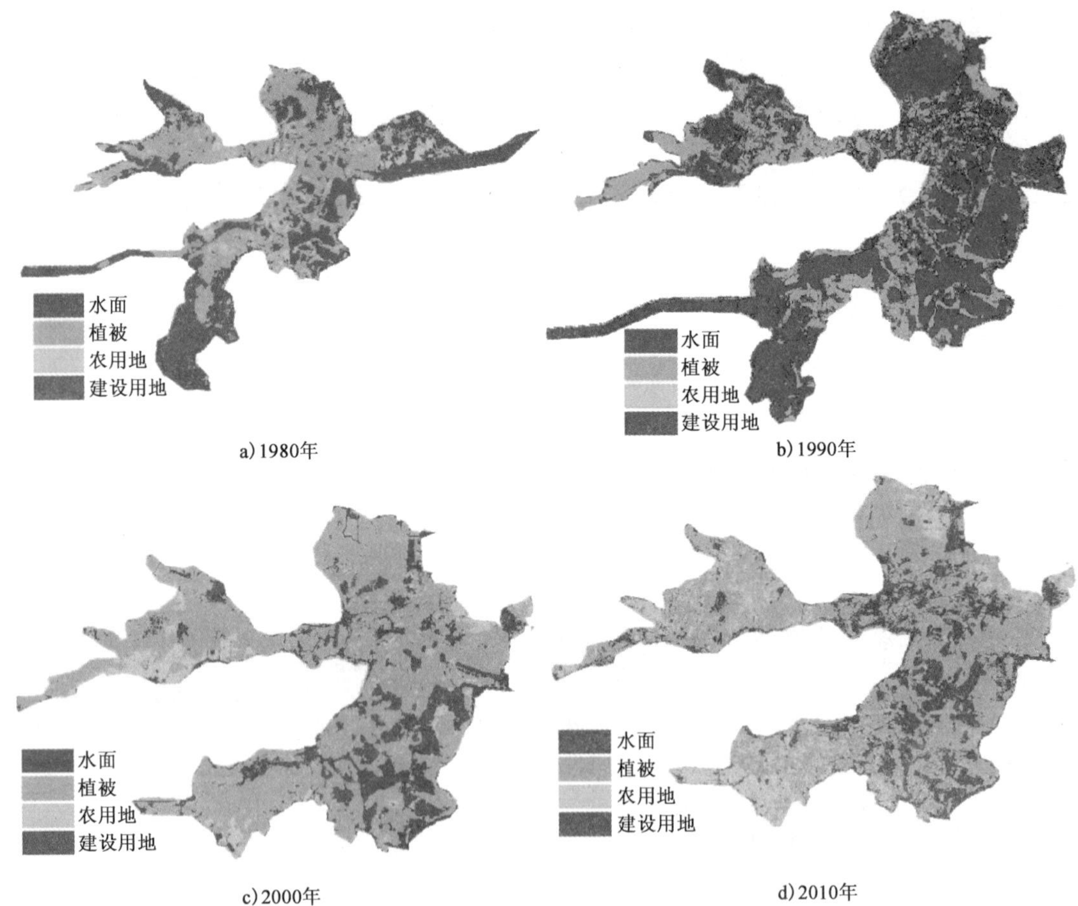

图 2-7 白洋淀监督分类图

注：比较 1980 年与 2010 年白洋淀水面面积减少了近 87.54%，水资源严重枯竭。

衡水湖 1980～2010 年湿地地类变化表(%)　　表 2-7

2010 年 \ 1980 年	建设用地	植被	水面	农用地	转入
建设用地	36.16	14.34	17.58	19.44	51.36
农用地	26.30	58.55	4.41	12.62	43.43
水面	0.65	0.00	43.36	5.29	5.94
植被	32.39	27.01	34.37	61.12	93.78
转出	59.34	41.36	56.36	37.34	—
总变化	−7.97	1.97	−50.43	56.43	—

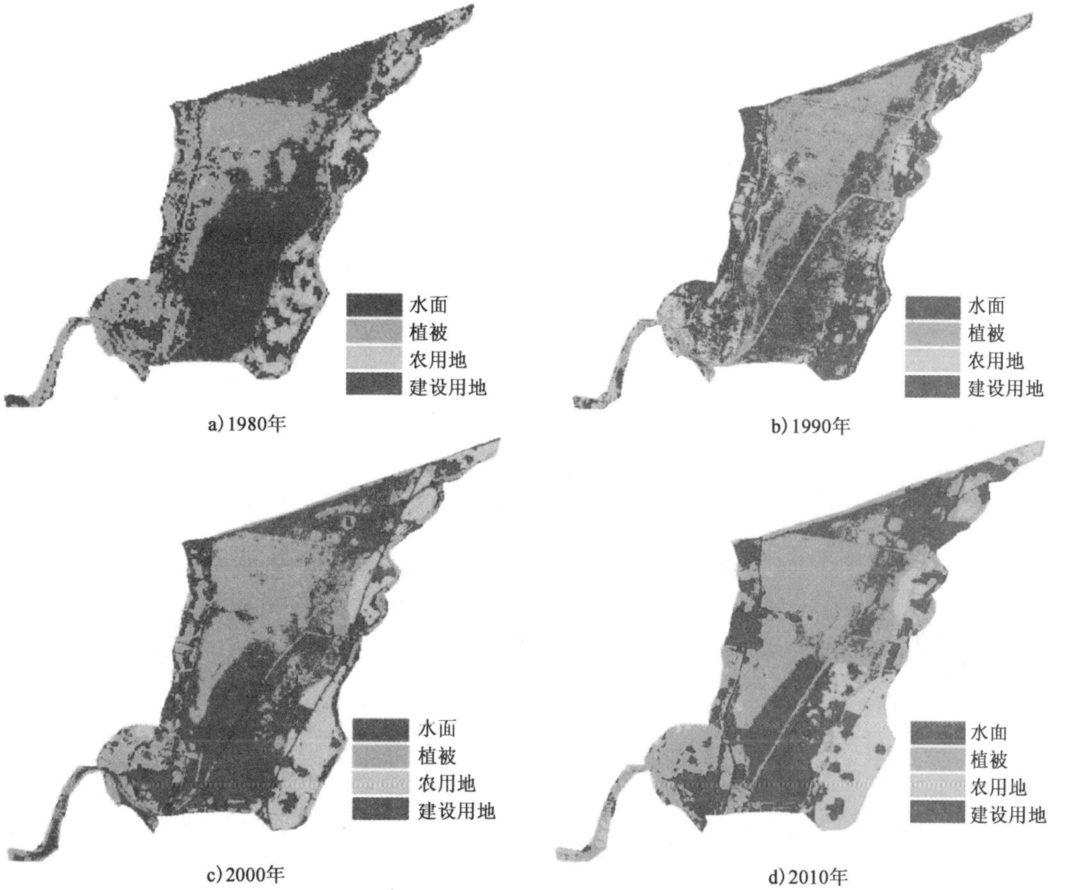

a)1980年　b)1990年

c)2000年　d)2010年

图 2-8　衡水湖监督分类图

注：根据变化图和统计的数字显示：30 年间，衡水湖水面面积较 1980 年减少了 50.43%，水面减少严重，农用地增加 1.97%。

2.2.2　地下水位与水利工程的变化

2.2.2.1　地下水

(1)浅层地下水位

浅层地下水埋藏浅，其主要补给来源为大气降水入渗和灌溉回归入渗，由于区内水力坡度小，侧向径流微弱。其排泄方式为：在未开采的咸水分布区以蒸发为主，全淡水区和浅层淡水区以人工开采为主，由于浅层水与下伏的深层水水位差较大，浅层水向下部越流也是一种排泄方式。

经采取地下水进行水质分析，根据《公路工程地质勘察规范》(JTG C20—2011)判定，该地下水对混凝土具弱～强腐蚀性，对钢筋混凝土结构中钢筋具弱～中腐蚀性，建议进行相应等级防护。地表水的腐蚀性评价如表 2-8 所示。

地下水腐蚀性评价判定表　　表 2-8

取水样地点	环境类型	Mg^{2+} $\rho(B)$ (mgL^{-1})	SO_4^{2-} $\rho(B)$ (mgL^{-1})	Cl^- $\rho(B)$ (mgL^{-1})	HCO_3^- $\rho(B)$ (mgL^{-1})	CO_3^{2-} $\rho(B)$ (mgL^{-1})	NO_3^- $\rho(B)$ (mgL^{-1})	pH 值	侵蚀性 CO_2	腐蚀性评价：对混凝土结构	腐蚀性评价：对钢筋混凝土结构中钢筋
ZK3+500	Ⅱ	265.5	1 653.7	1 176.9	781	0.0	0.3	7.24	0.0	中	中
ZK6+345	Ⅱ	151.7	628.3	450.9	244.1	0.0	2.4	7.67	0.0	弱	弱
ZK10+210	Ⅱ	102.1	786.9	315.2	0.0	0.0	2.6	3.13	4.1	强	弱
ZK12+796	Ⅱ	247.5	2 053.0	675.0	966.5	0.0	19.2	7.35	0.0	中	中
冀枣渠大桥	Ⅱ	906.4	3 562.2	4 282.4	717.6	0.0	2.0	6.91	8.8	强	中

浅层地下水水位动态受气象、水文及人为因素的影响较大，不同区域主导因素不同，其水位过程及动态也各有特点，浅层地下水水位动态类型分为降水入渗开采型、灌溉降水入渗蒸发型和降水入渗蒸发型。

降水入渗开采型主要分布在全淡水区、浅层淡水区以及微咸水开采区，多年水位呈下降趋势；灌溉降水入渗蒸发型主要分布在有微咸水未开采区和咸水区的渠灌区，多年水位变化不大，遇干旱年份水位有所下降，但幅度不大；降水入渗蒸发型主要分布在有咸水区的微咸水开采区，咸水区多年水位变化微小，主要受降水和蒸发的影响，因降水水位上升，因蒸发水位下降。

总体上，本市因地表水较缺乏，浅层地下水分布较广，长期以来开采量大于补给量，地下水水位持续下降，如图 2-9 所示。浅层地下水位下降，增强地表水、雨水下渗，同时增强地下水对浅层土的潜蚀作用，更易诱发地裂缝。

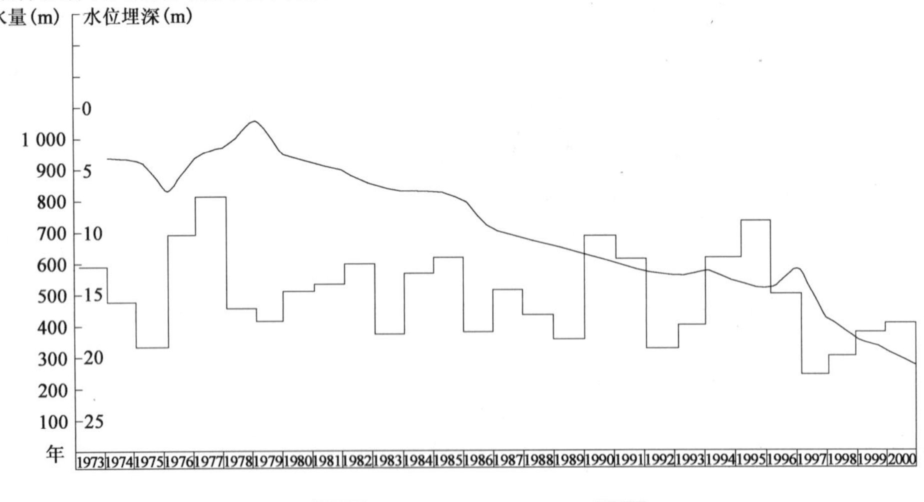

图 2-9　多年浅层地下水水位降水量图

本区地下水年内变化期为：3～6 月是地下水位下降期，6 月出现最低水位；7 月～翌年 3 月是地下水位回升期，3 月初出现最高水位，地下水年变幅 0～2m。区域浅层地下水等水位图如图 2-10 所示。

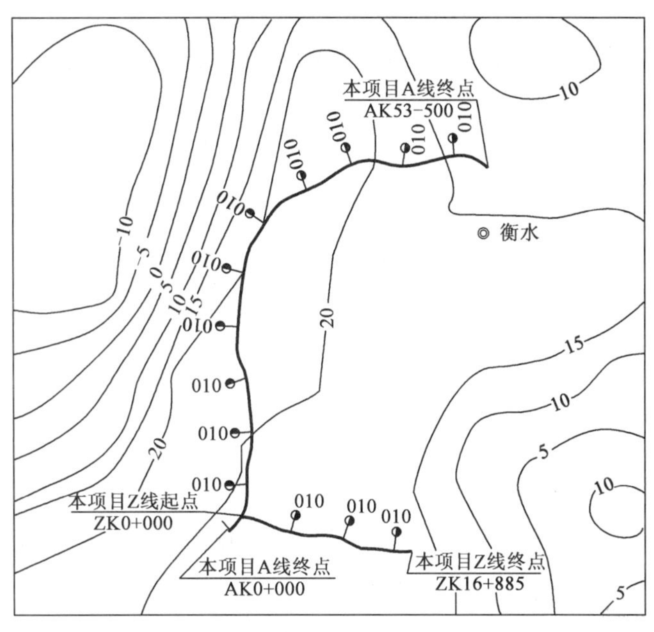

图 2-10　区域浅层地下水等水位图

浅层地下水位与湿地演化存在很大的相关性，两者存在水动力学交互过程。若浅层地下水位高于湿地下垫面，水流方向是地下水补给湿地，反之，则湿地水补给地下水。根据 2011 年《河北省水资源公报》数据，目前河北省地下水位 20m，地下水不能作为水源，对图 2-11 显示了从 1980～2008 年 28 年间河北省地下水位的变化趋势。地下水过低不仅不能补偿湿地水量，而且相反的湿地大量地补给地下水，加快了湿地水资源损耗。

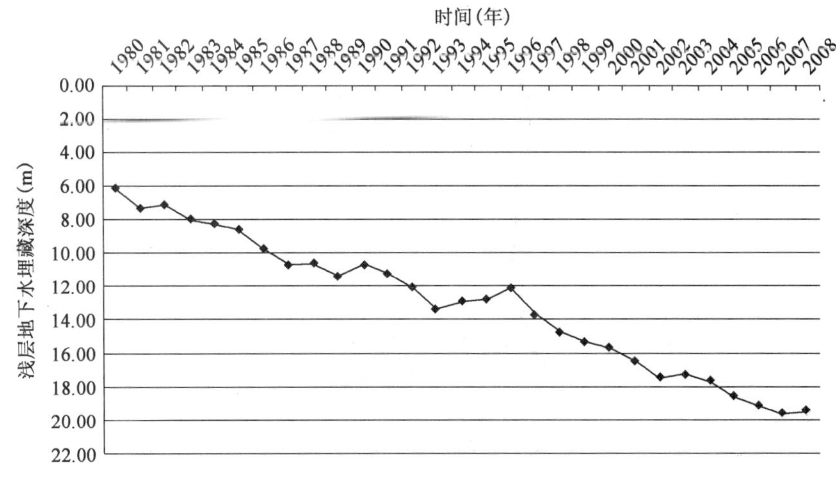

图 2-11　河北省浅层地下水埋藏深度变化

(2)深层地下水位

深层地下水为承压淡水,其动态类型分为越流补给开采型和侧向径流补给开采型,漏斗中心动态类型为侧向径流补给开采型,其他地区均为越流补给开采型。无论属于哪种动态类型,因深层地下水长期处于超采状态,多年水位呈下降趋势,如图 2-12 所示,区域深层地下水等水位图如图 2-13 所示。深层地下水长期超采,地下水位持续大幅度下降,更易诱发地面沉降、咸水下移等地质灾害。

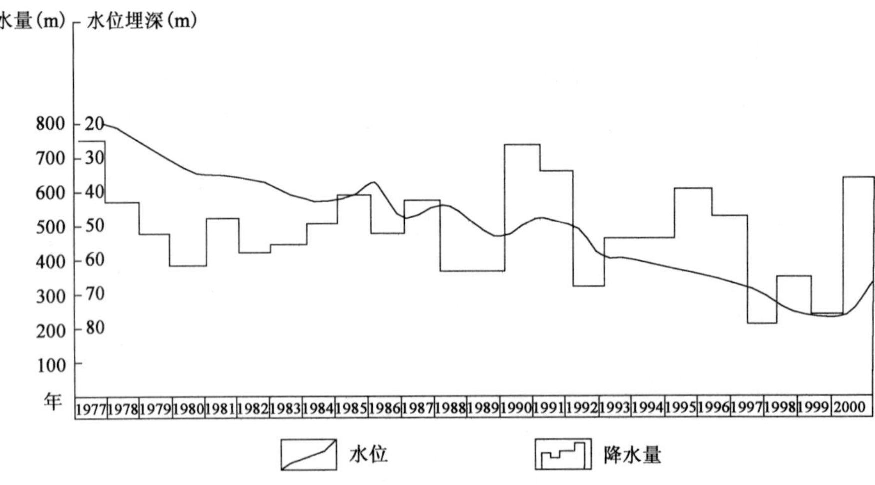

图 2-12　多年深层地下水水位降水量图

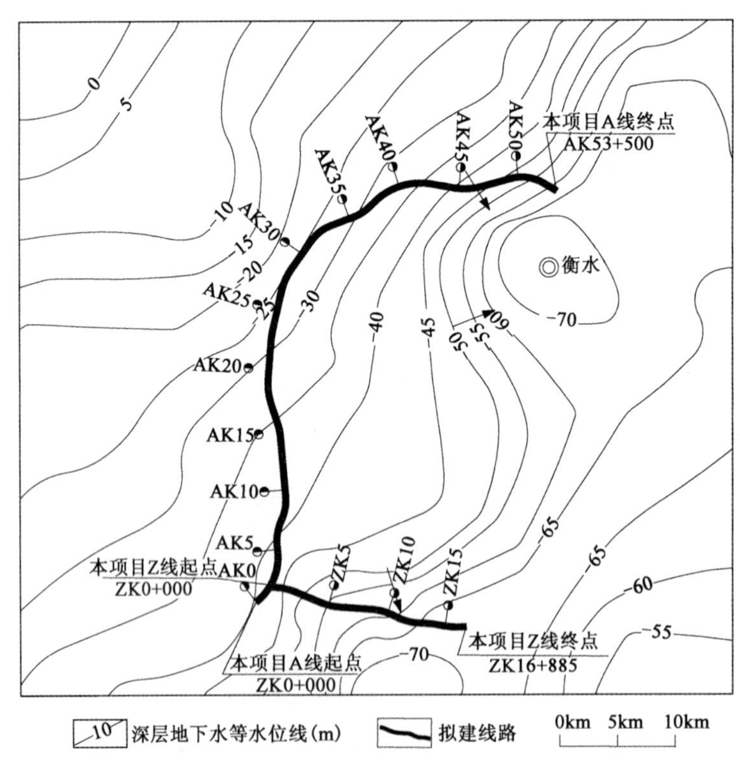

图 2-13　区域深层地下水等水位图

2.2.2.2　水利工程的变化

水利工程的建设对湿地面积变化也有重要影响，历史上衡水湖水量充沛，在雨季常发生洪涝灾害。尽管历代州县曾多次治理衡水湖，以趋利避害，造福民众，但真正科学规划整体治理衡水湖还是在新中国成立以后。1958 年，原衡水县动员民众建闸筑中隔堤，兴建了早期的东湖，面积 60km²，同时在东湖蓄水，发展灌溉。因工程不配套，1962 年停蓄还耕。1965 年，河北省兴建滏阳新河和滏东排河工程，河道在大赵常村北横穿衡水湖北端，东湖面积缩小为 42.5km²，同时修建了北围堤和大赵闸（图 2-14）。1972 年冀县在东湖东南建小隔堤，围成面积 10.1km² 的冀县小湖。1974 年修建后冢和李庄两座排水站，重建南关进水闸，加高加固各堤，开挖中隔堤截渗沟。1975～1976 年相继修建滏阳新河西羡节制闸、滏东排河东羡节制闸和五开节制闸，并扩建冀码渠。使滏东排河和滏阳新河的水均能顺利地引入衡水湖。1977 年衡水地区组织民众对衡水湖进行扩建，修筑北围堤，修复中隔堤，加固南围堤，修补西围堤，建成南尉迟、王口（图 2-15）、前韩三闸，形成面积 32.5km² 的衡水湖西湖。1985 年开挖卫（运河）—千（顷洼）引水渠。1993 年为确保衡水电厂建成后生产用水和湖区邻近市县城乡建设需要，衡水地区进行了衡水湖扩挖工程。1995 年，衡水地区党政领导率党政军民 10 万人在湖畔参加义务植树，一举建成衡水湖万亩森林公园。

图 2-14　大赵闸

图 2-15　王口闸

目前，衡水湖为东、西两个湖区。冀州市冀州镇北关村北的南北堤称作西围堤，以此堤为界，西边的称西湖，又叫滞洪区；东边的称为东湖，又叫蓄水区。西湖面积 32.5km²，平均海拔 19m，其中西岸海拔 23m，地势较高，高程较一致，可容水 0.65 亿 m³，除丰水年份外，一般不蓄水或短时间蓄水，以便种植五谷或一季小麦；东湖面积 42.5km²，平均海拔 18m，其中东岸 22.5m，担负着较大的引、排、蓄、灌任务。从冀州市南桥闸向东北方向延伸至魏屯镇王口村的湖堤，称作小湖隔堤（图 2-16），以这条堤为界，把东湖又分为大湖和小湖，堤北的称大湖，堤南的称小湖，小湖面积仅有 10.1km²，地势最洼，可容水 3 200 万 m³，在

图 2-16　小湖隔堤

缺水年份用此蓄水。小湖湖底有两条低洼地带，分布在小湖的中西部，呈南北向，中部低地海拔大体为 17.1～17.6m，西部低地带海拔 15.5～16.5m。

衡水湖有东、西两条引水通道。西线通过东羡枢纽调节经冀码渠引滏阳河、滏东排河水入衡水湖，该线建成于 1976 年。东线通过卫千渠将黄河水及运河水通过王口闸引入衡水湖，该线建成于 1985 年。到 1985 年为止，衡水湖已建成一个能引、能蓄、能排的成套的蓄水工程。

2.2.3 地面沉降、地下水开采

2.2.3.1 地面沉降分布特征

衡水市在 1988 年、1990 年沿石德线进行过水准测量，对 20 世纪 60 及 70 年代水准点进行了高程测量，得出相对沉降量。衡水市区 1981～1988 年沉降量 128mm，年均沉降速率 16mm/a，1988～1990 年沉降量 51mm，沉降速率 25.5mm/a，自 1981～1990 年累计沉降量 179mm。据 2005 年监测资料[94]，衡水地面沉降量最大的水准点—石济 33 号水准点位于东风化工厂（后马家庄东北 300m），沉降量为 1.314m，衡水市区被 1 000mm 的沉降量等值线所包围。1990～2005 年年均沉降量约为 75mm/a，是衡水市地面沉降的快速发展阶段。衡水深层地下水漏斗中心水位埋深在 1995 年之前还小于沧州市漏斗中心水位，到 1995 年之后，衡水市地下水漏斗中心水位埋深已经超过沧州市，2002 年后衡水市漏斗水位埋深最深地带移出衡水市区，埋深最大地区分布在东部的景县及故城一带。2006～2010 年衡水市深层地下水最深水位埋深超过 100m，2010 年深层地下水最深达到 115.55m，若按此速度发展下去，未来衡水市将可能替代沧州市成为河北平原地面沉降最严重的中心。

至 2009 年，衡水市全区地面沉降特点是整体较严重，局部发展迅速。累计沉降量大于 1 000mm的沉降面积为 285.52km^2，分布于衡水市区东部和武邑县西南区域；大于 500mm 的沉降面积为 6 568.14km^2，主要分布在安平、深州以东和故城以北区域；大于 300mm 的沉降面积为 1 677.90km^2，集中在安平和深州市内。衡水市 1981～2009 年累计地面沉降量现状图如图 2-17 所示。

2005～2009 年衡水市沉降速率较快区域主要集中在中部、东北部以及冀州东南部区域，沉降速率均大于 50mm/a；地面沉降最快的区域集中在武强县和阜城县东部靠近东光县区域，最大速率达 93mm/a，其中武强县被 70mm/a 的等值线封闭；沉降速率较小的区域有深州、故城和安平，年平均沉降速率小于 30mm/a。衡水市区东南部被 50mm/a 等值线封闭，沉降发展也较快。2005～2009 年衡水市地面沉降平均速率图如图 2-18 所示。衡水市市区平均沉降速率 44.79mm/a，2006～2010 年市区累计沉降量为 223.96mm。

2.2.3.2 地面沉降的原因

(1)长期超量开采地下水

地面沉降的主要原因为持续超量抽取深层地下水所致。本区深层地下水开采段内的地层由第四系厚层亚黏土、黏土、亚砂土夹薄层粉细砂和中砂组成。深层水未被开采前，地下水处于天然平衡状态，20 世纪 60 年代末期开始开采深层地下水。随着开采井数的增加，开采强度

逐年加大，地下水位持续下降，形成大面积的水位降落漏斗，漏斗中心区水位埋深达 100m，多年平均水位降速达 2.0m/a，漏斗底部越来越开阔、平展，目前已呈整体向纵深发展。水位的持续下降，使含水层水力边界条件发生变化，引起周围水力梯度和渗透压力的变化。随着地层孔隙水压力的降低，原来为孔隙水承受的上部地层荷载转嫁于土体颗粒，致使颗粒有效应力增加，土层体积不断缩小。对含水层的砂层，如果再次充水饱和，变形可大部恢复，而作为相邻的弱透水层既黏性土层，随着释水强度不断增大，土层孔隙逐渐压密导致体积缩小。由于黏性土压缩变形是不可逆的，因而造成地面沉降，水位降深越大土层压缩作用越强。因此，地面沉降分布形态与水位降落漏斗分布形态基本一致。

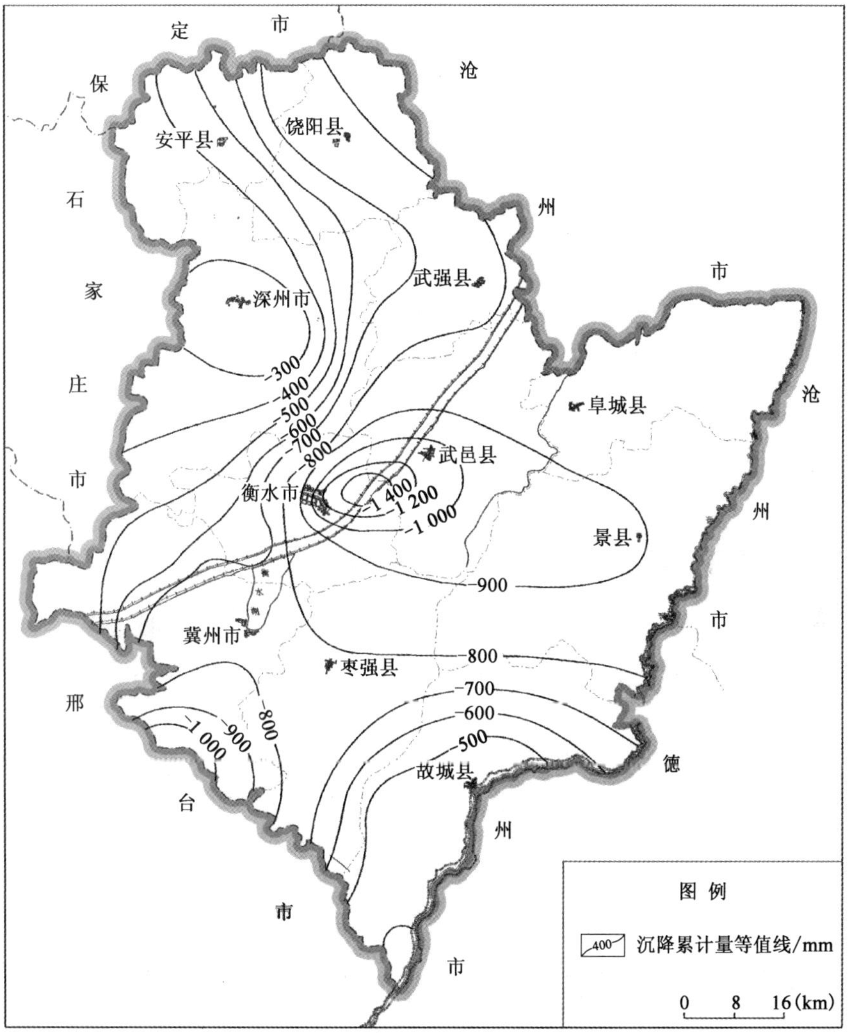

图 2-17　衡水市 1981～2009 年累计地面沉降量现状图(自:河北省衡水市地质环境监测报告)

衡水市深层地下水开采层主要集中在第四系第Ⅱ含水组及第Ⅲ含水组，所以地面沉降中第Ⅱ含水组及第Ⅲ含水组的贡献率占第四系 80.68%。

(2)地下液体开发

本区内蕴藏丰富的地热资源,其开采量逐年增加,长期开采地下热水,致使地下水位持续下降,地层内孔隙水压力减小,有效应力增加,引起地层压实,从而引发地面沉降。

由于饶阳县、武强县、深州市内常年有石油开采,致使地面一定深度以下普遍出现欠压密地层,当石油开采后,必将导致流体压力降低,固体颗粒有效应力增加,使泥岩进一步固结压密,从而引起地面沉降。2005～2009年衡水市地面沉降平均速率图如图2-18所示。

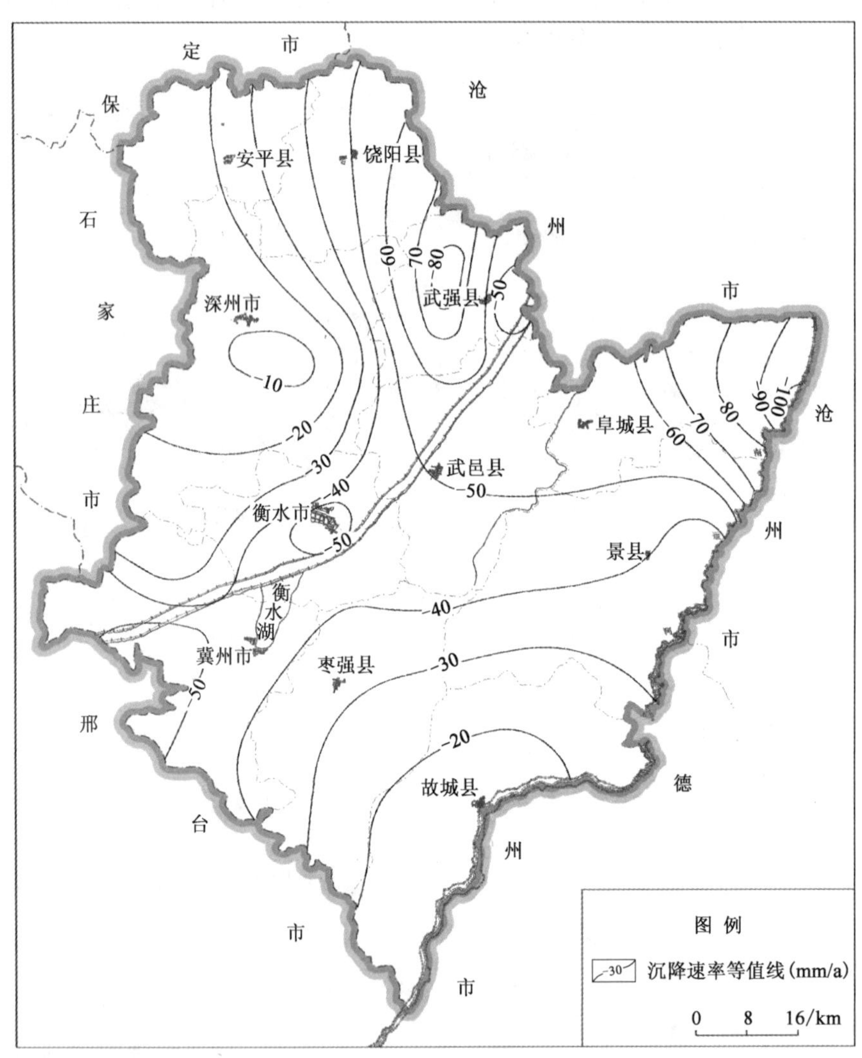

图2-18　2005～2009年衡水市地面沉降平均速率图(自:河北省衡水市地质环境监测报告)

(3)工程建设、地表建筑物荷载

工程建设是近年来新的沉降制约因素。老城区的改造和新城区的扩大,城市化进程不断加快,地表建筑物增多,加大了地面荷载,使得欠固结土层或软土层在重力荷载下易产生排水固结,发生明显的地面沉降现象。

2.2.3.3 地面沉降的危害

随着地面沉降量的不断加大，会造成地面积水、排沥水困难、输水管道扭曲开裂、地基下沉、建筑物开裂，铁路、公路崎岖不平等一系列问题。

2.2.4 咸水入侵

2.2.4.1 咸水入侵分布特征

衡水市第四系含水层除安平、深州北部及饶阳西北部为全淡水区外，其他广大地区均为有咸水区。介于浅层咸水和深层淡水之间的咸水体，呈楔状存在，东南厚而西北薄，尖灭于全淡区。东南部咸水体最厚达200m，咸水之下为深层淡水，咸水之上也有厚度不等的浅层淡水(图2-19)。多年来，衡水市以开采淡水资源为主，浅层咸水仅有少量开采。随着地下淡水资源开采强度日渐增大，咸水体不断入侵淡水体，破坏地下淡水资源。咸水入侵淡水方式表现在以下两方面：

(1)浅层咸水入侵浅层淡水

因浅层地下淡水埋深浅易开发，各地地下水开采首选浅层淡水，致使浅层淡水资源超采严重，天然条件下的浅层淡水区被逐渐咸化，浅层咸水区面积不断增加，浅层淡水区面积不断减少，衡水市1995～2000年仅5年时间，浅层淡水区面积减少了1 941km^2。

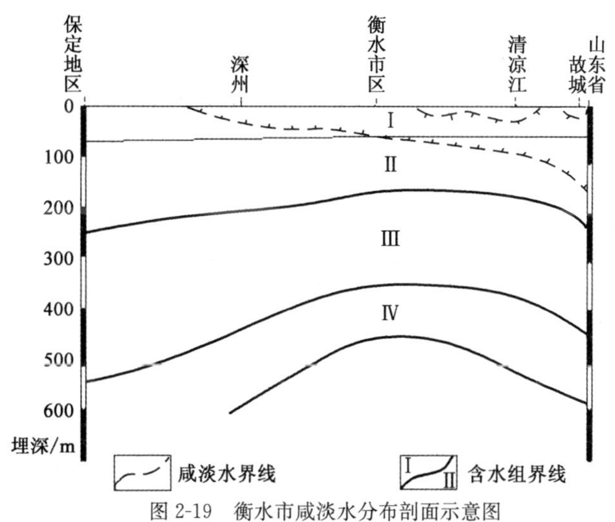

图2-19 衡水市咸淡水分布剖面示意图

(自文献：河北省衡水市地质灾害分布特征及其成因分析)

(2)浅层咸水入侵深层淡水

深层淡水资源的不断超采，深层水水位逐年下降，浅层咸水向下运移入侵深层淡水，使深层淡水矿化度逐渐升高，水质变差。浅层咸水入侵深层淡水现象首先出现在衡水市东南部浅层咸水厚度大的地区，在上部咸水体较厚且成井段距咸水体较近的深层水井矿化度有增高趋势，且距咸水体越近，矿化度增大越明显。如故13孔：成井段为197～362m，咸淡水界面厚度为175m，上部咸水体厚度为130m，1975年矿化度为622mg/l，到2004年矿化度达到1 402.9mg/l，矿化度年均升高26.93mg/l，水化学类型由重碳酸氯化钠型变为氯化物重碳酸钠型，水质明显变差；衡 51 井，成井段为 120.5～283.3m，咸淡水界面厚度为 90m，矿化度由 1976 年的 548mg/l 上升至 2004 年的 698.2mg/l，矿化度年均升高 5.36mg/l，水化学类型由氯化物重碳酸硫酸钠型渐变为氯化物硫酸钠型，水质呈缓慢变差趋势（见图 2-20）。随着衡水市深层地下水水位降落漏斗不断向纵深发展，目前衡水市在浅层咸水分布区均有不同程度的浅层咸水下移入侵深层淡水现象。

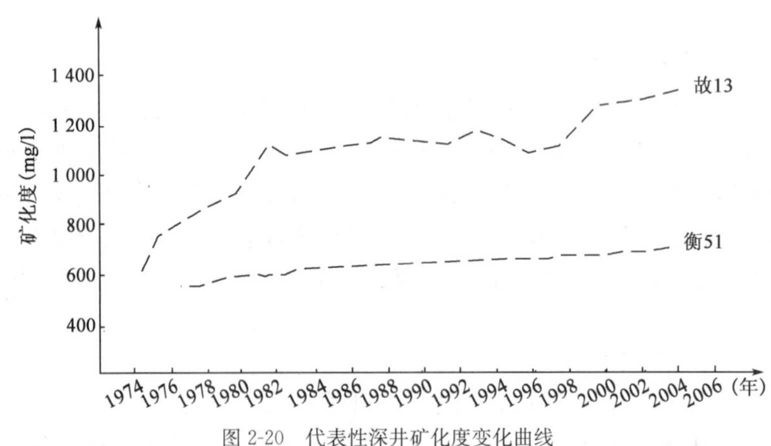

图 2-20　代表性深井矿化度变化曲线

（自文献：河北省衡水市地质灾害分布特征及其成因分析）

通过对 1969～1988 年多年物探资料统计研究得出：衡水市区 1969～1988 年深层淡水顶界（测井曲线解释出的 2g/l 界面）多年平均下移值为 0.12m/a，“视咸水底界”（测井曲线 ρ_k 值突变点，即原解释的咸水底界面）多年平均下移值为 0.085 m/a。

2.2.4.2　咸水入侵成因分析

（1）浅层咸水向浅层淡水入侵

在地下水未开采时期，浅层淡水体与浅层咸水体处于天然平衡状态，由于人类对浅层淡水的大量开采，淡水区水位低于咸水区水位，其势能的差异使淡水体与咸水体流场发生了改变，咸水向淡水体径流扩散，从而入侵淡水体，使浅层淡水面积不断缩小。

（2）浅层咸水入侵深层淡水

在衡水市深层地下水开采初期，深层水流场的补给区、径流区、排泄区基本保持其自然状态。随着深层地下水的大量开采，深层地下水水位普遍呈大幅度下降态势，地下水水流从补、径、排的循环型承压水流变为开采条件下的下渗、消耗型承压水流，以主导水流的三维流动取代了原始均衡条件的平面流。

在衡水市浅层咸水分布区，深层地下水为主要供水水源，经过多年开采，深层地下水水位埋深由开采初期的自流状态下降到目前的 60～97m，但咸水基本处于未开采状态，因周边和下部深层淡水的大量开采，虽也使其水位有所下降，但咸水埋深一般小于 15m。深层水与浅层水存在高达 50～80m 水头差，形成了浅层咸水层与深层淡水层较大的水力梯度，且在浅层咸水与深层淡水之间作为弱透水层的黏土、亚黏土均为欠固结土，导致了浅层咸水含水层向深层淡水含水层越流补给。正是这种越流作用，造成了浅层咸水对深层淡水的入侵，因此可以说越流补给是导致咸水入侵深层淡水的内在原因。

另外,人工天窗也是造成衡水市浅层咸水入侵深层淡水的重要因素。20 世纪 70 年代以来,深层机井数量骤然增加。由于成井工艺不严格,对浅层咸水止水效果不佳,浅层咸水通过井壁向下入侵深层淡水;并且随着时间的推移,不少机井井管遭受损坏,破损的井管形成了浅层咸水与深层淡水的连接通道,浅层咸水通过井管流向深层淡水。据调查,机井损坏后,其周边 300~500m 范围内的咸水底界埋深,可迅速达到坏井井深的位置。因此不科学的成井工艺及机井损坏形成了浅层咸水入侵深层淡水的人工天窗,使深层淡水资源被上部咸水由点及面逐渐侵入。

2.2.4.3 咸水入侵的危害

咸水入侵造成地下淡水水质恶化,淡水资源不断减少,尤其使宝贵的深层地下淡水资源遭受毁灭性的破坏。使原本水资源紧张的衡水市雪上加霜,部分开采机井由于受到咸水污染不断报废,成井深度不断增大,获取水资源成本逐渐增高,给当地工农业生产及人民生活水平造成了很大影响。

2.3 湿地软土的分布

经实地调查,研究区线路经过的地貌形态主要分为冲洪积平原区和滏阳河冲积平原区两类。根据沿线地貌形态及地层岩性将路线分为以下三个地质区。

2.3.1 冲洪积平原区(Ⅰ区)

路线以互通、大桥、中桥、天桥、分离立交、通道及涵洞和路基形式跨越。该区地层主要为浅层的粉土、软土、软弱土以及下部的粉质黏土及砂土等。工程地质条件较差,路线饱和粉土及砂土具轻微砂土液化现象。本区全线分布厚度不等的软土、软弱土,呈连续分布,需进行地基处理,以提高地基承载力,降低工后沉降。

(1)K0+000~K1+720,ZK0+047.1~ZK16+922 段软土、软弱土

1)地层岩性

该路段揭露的地层岩层主要为:

①粉土层

揭露厚度 1.00~6.40m,该层为褐黄色,稍密~中密,稍湿,土质不均,切面粗糙,干强度及韧性差,摇震反应迅速,顶部含有大量植物根系。该层的承载力基本容许值[f_{a0}]=130kPa,摩阻力标准值 q_{ik}=35kPa。

$①_2$ 粉质黏土层

揭露厚度 1.00~4.40m,该层为褐黄色,可塑,土质均匀,切面光滑,具光泽反应,干强度及韧性中等,无摇震反应,局部夹黏土。该层的承载力基本容许值[f_{a0}]=130kPa,摩阻力标准值 q_{ik}=35kPa。

$①_4$ 粉砂层

揭露厚度 1.10~5.80m,该层为褐黄色,中密,湿,砂质纯净,级配较差,磨圆度较好,石英长石为主,局部夹细砂。该层的承载力基本容许值[f_{a0}]=130kPa,摩阻力标准值 q_{ik}=35kPa。

③粉质黏土层

揭露厚度0.40～4.50m，该层为褐黄色，可塑，土质较均，切面光滑，具光泽反应，干强度及韧性中等，无摇震反应，局部夹黏土薄层。该层的承载力基本容许值[f_{a0}]=150～160kPa，摩阻力标准值 q_{ik}=35～40kPa。

③$_1$ 粉土层

揭露厚度0.70～6.60m，该层为褐黄，中密，稍湿～湿，土质不均，切面粗糙，干强度及韧性差，摇震反应迅速。该层的承载力基本容许值[f_{a0}]=150～160kPa，摩阻力标准值q_{ik}=35kPa。

③$_4$ 粉砂层

揭露厚度0.90～5.70m，该层为褐黄色，中密，湿，砂质纯净，级配较差，磨圆度较好，石英长石为主，局部夹细砂。该层的承载力基本容许值[f_{a0}]=150kPa，摩阻力标准值 q_{ik}=35kPa。

2)水文地质评价

研究区有少量地表季节性积水，地下水水位埋藏较浅，一般10m左右，对混凝土结构具有弱～中腐蚀性，对混凝土结构中的钢筋具有弱～中腐蚀性，应该采用相应的防护措施。

3)工程地质评价

该路段地形、地貌单元较为简单，经本次详细勘察的工程地质勘察成果可知，路线方案总体地质条件较好，适宜高速公路建设。

该路段场地土的类型为中软土，场地覆盖层厚度大于5m，建筑场地类别为Ⅲ类。

(2)分布范围K0+000～K1+720，ZK1+000～ZK2+350，ZK4+200～ZK8+800，ZK9+300～ZK13+100，ZK14+450～ZK15+300的软土、软弱土

1)地层岩性

该路段揭露的地层岩层主要为：

①粉土层

揭露厚度1.00～3.80m，该层为褐黄色，松散～中密，稍湿，土质均匀，切面粗糙，干强度及韧性差。该层的承载力基本容许值[f_{a0}]=130kPa，摩阻力标准值 q_{ik}=35kPa。

②软土、软弱土层

揭露厚度1.00～5.10m，该层为褐黄色，软塑，土质均匀，切面光滑，干强度及韧性较差。该层的承载力基本容许值[f_{a0}]=100～120kPa，摩阻力标准值 q_{ik}=20～25kPa。

③粉质黏土层

揭露厚度1.10～3.50m，该层为褐黄色，可塑，土质较均，切面光滑，具光泽反应，干强度及韧性中等，无摇震反应，局部夹黏土薄层。该层的承载力基本容许值[f_{a0}]=150kPa，摩阻力标准值 q_{ik}=35kPa。

④软土、软弱土层

揭露厚度0.50～4.70m，该层为褐黄色，软塑，土质均匀，切面光滑，干强度及韧性较差。该层的承载力基本容许值[f_{a0}]=100～120kPa，摩阻力标准值 q_{ik}=20～25kPa。

2)水文地质评价

公路经过地区有少量地表季节性积水，地下水水位埋藏较浅，一般10m左右，对混凝土结构具有弱～中腐蚀性，对混凝土结构中的钢筋具有弱～中腐蚀性，应该采用相应的防护措施。

3)工程地质评价

该路段地形、地貌单元较为简单,经本次详细勘察设计工程地质勘察成果可知,路线方案总体地质较好,主要地质问题为软弱地基,经地基处理后适宜高速公路建设。

该路段场地土的类型为中软土,场地覆盖层厚度大于5m,建筑场地类别为Ⅲ类。

综上所述,该区域有地表水,浅层地下水水位埋深1.8~7.6m,埋藏较浅,对混凝土结构具弱腐蚀性,对混凝土结构中的钢筋具中等腐蚀性,建议采用相应等级防护措施。项目区存在软土及软弱土,工程地质条件较差,建议经过比选,对桥头路基段采用水泥土搅拌桩、CFG桩和高压旋喷桩等手段进行地基处治。对一般路基段采用水泥土搅拌桩、CFG桩、高压旋喷桩和强夯+碎石垫层等手段进行地基处治。

2.3.2　滏阳河冲积平原区(Ⅱ区)

该区域主要分布于东王家村南-南尚家庄南(K12+200—K21+500),为滏阳河冲积平原区,路线以互通、特大桥、大桥、中桥、天桥、分离立交、通道和路基形式跨越。该段线路地面高程16.3~28.3m,地势较平坦。该区地层主要为浅层的粉土、黏土、软土、软弱土以及下部的砂层及粉质黏土等。工程地质条件较差,路线穿越区饱和粉土及砂土具轻微砂土液化现象,局部中等,对于中等液化砂土,应采取相应措施进行处理。

本区路线全线分布有1.1~8.3m厚度不等的软土、软弱土,呈连续分布,建议采用水泥土搅拌桩、CFG桩和旋喷桩等复合地基处理,局部浅层路段可采用强夯置换处理,以提高地基承载力,降低工后沉降。

该区域有地表水,浅层地下水水位埋深2.1~5.5m,埋藏较浅,对混凝土结构具弱~强腐蚀性,对混凝土结构中的钢筋具中等~强腐蚀性,建议采用相应等级防护措施。项目区存在软土及软弱土,工程地质条件较差,建议经过比选,对桥头路基段采用水泥土搅拌桩、CFG桩和高压旋喷桩等手段进行地基处治。对一般路基段采用水泥土搅拌桩、CFG桩和高压旋喷桩和强夯+碎石垫层等手段进行地基处治。

2.3.3　冲洪积平原区(Ⅲ区)

该区域主要分布于路线南尚家庄南-终点(K21+500—K55+252.446),附近地面高程为12.6~29.2m,相对高差较小,地势平坦,地形地貌单一。路线以互通、大桥、中桥、天桥、分离立交、通道及涵洞和路基形式跨越。该区地层与Ⅰ区相似,主要为浅层的粉土、软土、软弱土以及下部的粉质黏土及砂土等。工程地质条件较差,路线饱和粉土及砂土具轻微砂土液化现象,局部液化等级为中等;本区全线连续分布1~9m的软土、软弱土,具有高孔隙比,高压缩性,低承载力特点,需进行地基处理,以提高地基承载力,降低工后沉降。

该区域有地表水,浅层地下水水位埋深2.6~4.2m,埋藏较浅,对混凝土结构具弱~中等腐蚀性,对混凝土结构中的钢筋具中等腐蚀性,建议采用相应等级防护措施。项目区存在软土及软弱土,工程地质条件较差,建议经过比选,对桥头路基段采用水泥土搅拌桩、CFG桩和高压旋喷桩等手段进行地基处治。对一般路基段采用水泥土搅拌桩、CFG桩、高压旋喷桩和强夯+碎石垫层等手段进行地基处治。

2.4 本章小结

本章主要介绍了衡水湖湿地区域地质概况，从区域地质背景、水文地质条件和湿地软土的分布几个方面，介绍了衡水湖地区湖泊相软土工程特性形成的自然条件背景。

(1)研究区域属于暖温带半干旱半湿润季风性大陆性气候区。本地区年平均降水量543mm，年内分配不均匀，年际变化较大，全年降水量集中在6～9月份，降水量约为400mm，占全年降水量的74%，7～8月份降水量最大，为293mm，占全年降水量的54%。研究区域内河流均属海河流域，境内有条9条主要河流右西南向东北流过。现影响本项目的河流和湖泊主要为衡水湖、滏东排河、滏阳新河、滏阳河，河流均为季节性河流。

(2)河北平原为华北平原的一部分，被燕山山地和太行山山地环绕，东临渤海。整体地势由北、西向南东倾斜，大部分地区海拔高度低于50m。根据地貌形态、成因可将河北平原划分为三部分：山前倾斜平原、中部冲积－湖积泛滥平原、东部滨海平原。

(3)白洋淀、文安洼是河北省中部平原的大型洼地。其成因是冲积扇前缘和河间大型交接洼地，同时也与该区在新构造运动中地壳下沉幅度有关。大陆泽、宁晋泊位于宁晋县和永年县之间，南北长90km，东西宽30km。宁晋泊居北，大陆泽居南，此外还有永年洼等洼地。本区属于太行山东麓洪积—冲积扇前与古黄河之间的交接洼地。

(4)衡水市地处滹沱河古冲洪积扇及其与滏阳河沉积的交错地带，由古黄河、古漳河长期泛滥淤积而形成的冲洪积平原区(Ⅲ)，地形平坦而略有起伏，平均海拔＋15～＋45m。现存地貌为第四纪松散沉积物，地势平坦开阔、洼地及平地相间的地貌类型，区内为冲洪积平原地貌形态。

(5)工作区位于华北断块区内部，大致位于鄂尔多斯地震构造区东部边缘和华北平原地震构造区中南部。华北断块区是我国的一个大地构造和地震活动单元，断块区内部结构和地震活动表现出明显的分区性，大致以太行山为界，西部地区为鄂尔多斯地震构造区；太行山以东地区称为华北平原地震构造区。在工作区内，新构造活动单元走向NNE-NE向，太行山山前断裂以东为华北平原坳陷区，该区又可划分为7个次级单元，它们是邢衡隆起区、临清坳陷区，内黄隆起、汤阴地堑、东濮断陷、冀中坳陷和济阳坳陷。太行山山前断裂以西为太行山隆起区，该隆起以西是构成鄂尔多斯隆起东边界的山西断陷带。工作区内第四纪活动断裂十分发育，已知各类第四纪断层32条。衡水地区的凹陷构造主要为南宫断凹。南宫断凹(Ⅳ级)是中朝准地台(Ⅰ级)、华北断拗(Ⅱ级)和临清台陷(Ⅲ级)的次级构造单元。

(6)衡水地区自20世纪80年代以来，地裂缝频繁发生，发育在全新世冲洪积相岩性颗粒较粗的亚砂土和砂层中，全市共发现地裂缝32条，涉及10个县市25个村庄。衡水地区地裂缝主要成因有4种：构造成因、地下水开采成因、地表失水及节理开启，以及地面不均匀沉降。

(7)河北省特殊的自然条件孕育了具有地方特色的湿地资源，类型全、面积小、分布散是河北省湿地的主要特点。除白洋淀外其他湿地面积都小于100km^2。湿地呈离散分布，多分布在平原、沿海和坝上地区，山区呈零星分布。这主要是由于河北地势西高东低，中东部平原广布，西部山区河流流速快、流量大、山区积水少，河流流经平原地区后水流减速，水在低洼处聚集形成零散的湖泊湿地。

(8)河北省主要自然湿地水域面积呈减少趋势。从1980～2010年30年间，湿地总面积减少了739.5km^2，占总面积的58.9%。各湿地退化严重，水面大面积缩减，有些甚至完全退化。

(9)总体上，浅层地下水分布较广，长期以来开采量大于补给量，地下水水位持续下降。浅层地下水位下降，增强了地表水、雨水下渗，增强了地下水对浅层土的潜蚀作用，更易诱发地裂缝；深层地下水长期处于超采状态，多年水位呈下降趋势。深层地下水长期超采，使得地下水位持续大幅度下降，易诱发地面沉降、咸水下移等地质灾害。

(10)衡水湖有东、西两条引水通道。西线通过东羡枢纽调节经冀码渠引滏阳河、滏东排河水入衡水湖，该线建成于1976年。东线通过卫千渠将黄河水及运河水通过王口闸引入衡水湖，该线建成于1985年。到1985年为止，衡水湖已建成为一个能引、能蓄、能排的成套的蓄水工程。

(11)衡水地区沉降速率较快区域主要集中在中部、东北部以及冀州东南部区域，沉降速率均大于50mm/a；地面沉降最快的区域集中在武强县和阜城县东部靠近东光县区域，最大速率达93mm/a，其中武强县被70mm/a的等值线封闭；沉降速率较小的区域有深州、故城和安平，年平均沉降速率小于30mm/a。衡水市区东南部被50mm/a等值线封闭，沉降发展也较快。衡水市市区平均沉降速率44.79mm/a，2006～2010年市区累计沉降量为223.96mm。

(12)地面沉降的原因：长期超量开采地下水、地下液体开发、工程建设、地表建筑物荷载等。随着地面沉降量的不断加大，将会造成地面积水、排沥水困难、输水管道扭曲开裂、地基下沉、建筑物开裂、铁路和公路崎岖不平等一系列问题。

(13)多年来，衡水市以开采淡水资源为主，浅层咸水仅有少量开采，随着地下淡水资源开采强度日渐增大，咸水体不断入侵淡水体，破坏地下淡水资源。咸水入侵的主要原因有：浅层咸水向浅层淡水入侵和浅层咸水入侵深层淡水。咸水入侵造成地下淡水水质恶化，淡水资源不断减少，尤其使宝贵的深层地下淡水资源遭受毁灭性的破坏。使原本水资源紧张的衡水市雪上加霜，部分开采机井由于受到咸水污染不断报废，成井深度不断增大，获取水资源成本逐渐增高，给当地工农业生产及人民生活造成了很大影响。

(14)经实地调查，线路经过的地貌形态主要有冲洪积平原区和滏阳河冲积平原区。沿线地貌形态及地层岩性将路线分为以下三个地质区：冲洪积平原区(Ⅰ区)、滏阳河冲积平原区(Ⅱ区)和冲洪积平原区(Ⅲ区)。

第3章　湿地湖泊相软土的基本特性

3.1　岩土工程地质特征及评价

经实地调查，线路经过的地貌形态主要为冲洪积平原区，地形平坦而略有起伏，平均海拔15～45m。现存地貌为第四纪松散沉积物，地势平坦开阔、洼地及平地相间的地貌类型，区内为冲洪积平原地貌形态。地表植物主要是农作物。

线路及其周边地表分布的地层主要为第四系地层，区内第四系为一套松散多层结构的泥质、砂质沉积物，自下而上地层划分为下更新统（Q_1）、中更新统（Q_2）、上更新统（Q_3）和全新统（Q_4）。

（1）下更新统（Q_1）

底板埋深450～640m，厚度100～180m。以棕红、黄棕亚黏土为主，密实块状，水平层理发育。砂层以中细砂为主偶夹中粗砂。水平分布岩性自西北向东南由粗变细，其成因西北部为冲洪积，中部及东南部为冲积与湖积。

（2）中更新统（Q_2）

底板埋深350～450m，厚度180～200m。下部多为棕褐、红棕色亚黏土，上部为黄棕、棕色亚黏土夹亚砂土。砂层多为中粗砂，大部地段下部砂层比上部颗粒粗、厚度大。水平分布：西北部土层中夹较多的亚砂土，砂层颗粒粗且厚，其他地段黏性土相对较多，砂层少而薄且颗粒较细。本层为冲积、洪积成因类型。

（3）上更新统（Q_3）

底板埋深160～230m，厚度100～200m。上部为灰黄、黄棕色亚黏土和亚砂土夹砂层，下部为棕黄色亚黏土夹亚砂土及砂层，砂层较下部少而细。水平分布：西北部岩性较粗，砂层以中细砂为主，夹中粗砂，中及东部岩性变细，砂层变薄多为细粉砂，为冲洪积形成。

（4）全新统（Q_4）

本层厚度各地不一，西北部和东南部30～40m，中东部20～30m。岩性由灰色、灰黄色亚黏土、淤泥质亚黏土、亚砂土及透镜状砂层组成。结构松软，具水平层理。砂层多为粉细砂及粉砂。水平分布：岩性有西粗东细的变化规律。本层以冲积成因为主，间有河间洼地湖沼沉积，如图3-1所示。

研究区地层单一，属第四系全新统（Q_4）黏性土及粉土。表层土质不均匀，切面稍光滑，干强度及韧性中等，无摇振反应，顶部为种植土，含有大量植物根系；下部为软弱土、低液限黏土，土质均匀，切面光滑，灰褐色，软塑状，顶板埋深4.0m左右，层厚2.0m左右。

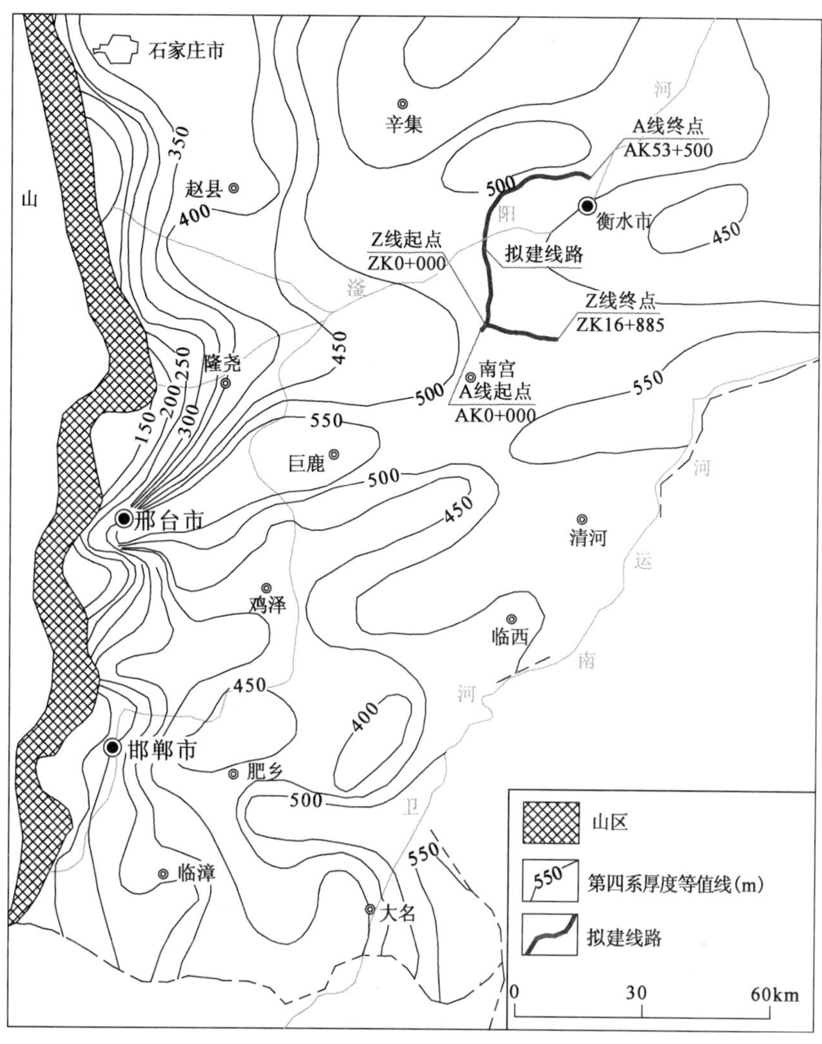

图 3-1　河北平原第四系厚度等值线图

3.2　湿地湖泊相软土的物质组成

3.2.1　矿物组成

试验用土取自于邢衡高速 ZK4+180～ZK4+785.5 段，利用型号为 D8 的 X-射线粉末衍射仪对湿地湖泊相软土样品进行矿物成分分析，以下分别是粉质黏土（图 3-2，表 3-1）、黏土（图 3-3，表 3-2）的矿物成分分析结果。

由表 3-1、表 3-2 可以看出，湿地湖泊相软土的黏土矿物主要包括斜绿泥石、高岭石、伊利石和白云母，其中粉质黏土试样中黏土矿物占矿物总量的 30.8%，黏土试样中黏土矿物占矿物总量的 41.9%，主要的黏土矿物均为细小的白云母，其次是绿泥石、高岭石，黏土试样中还含有少量的伊利石。由表 3-3 可以看出，湿地湖泊相软土的黏土矿物成分与沿海地区软土的黏土矿物成分有明显的差别，沿海地区软土的黏土矿物均以伊利石为主。黏土矿物由于晶格结构的差异，反映出的力学性质也有很大差别，也决定了土体微观结构的形态。

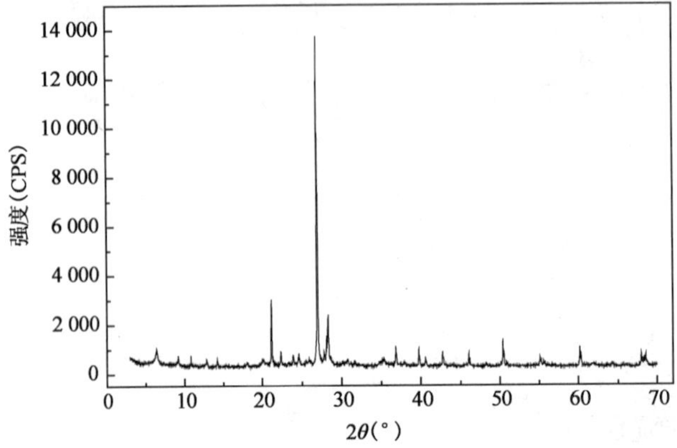

图 3-2　矿物 X 射线衍射(粉质黏土)

粉质黏土试样的矿物成分及含量　　表 3-1

矿 物 名 称	化 学 式	含量(%)	黏土矿物含量(%)
Kettnerite 氟碳铋钙石	$CaBi(CO_3)OF$	1.6	30.8
Kalsilite 六方钾霞石	$KAlSiO_4$	2.4	
Leuchtenbergite 淡斜绿泥石	$Al_2Mg_5Si_3O_{10}(OH)_8$	2.5	
Kaolinite 高岭石	$Al_4(OH)_8(Si_4O_{10})$	6.8	
Aenigmatite 三斜闪石	$Na_2Fe_5Ti(Si_6O_{20})$	3.3	
Kryzhanovskite 水锰绿铁矿	$Fe_3(OH)_3(PO_4)_2$	8.9	
Muscovite 2M1 白云母	$KAl_3Si_3O_{10}(OH)_2$	21.5	
Quart low 二氧化硅	SiO_2	51.5	
Sodalite 方钠石	$Ga\text{-}Na_6(Ga_6Si_6O_{24})(H_2O)_8$	1.5	

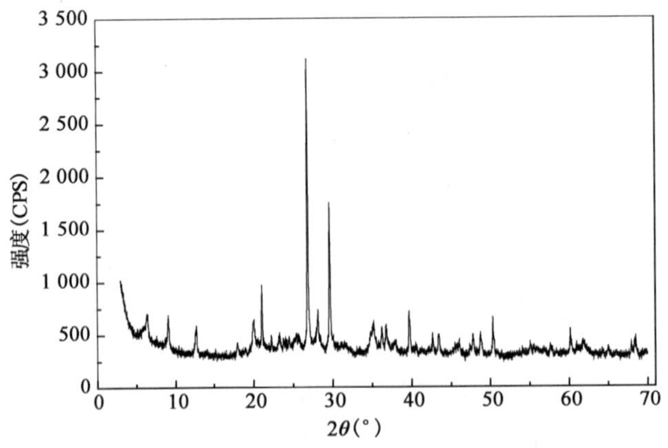

图 3-3　矿物 X 射线衍射(黏土)

黏土试样的矿物成分及含量

表 3-2

矿 物 名 称	化 学 式	含量(%)	黏土矿物含量(%)
Magnetite 磁铁矿	Fe_3O_4	32.3	41.9
Quartz low 二氧化硅	SiO_2	24.4	
Kaolinite 1A 高岭石	$Al_2Si_2O_5(OH)_4$	6.4	
Clinochlore 斜绿泥石	$Mg_{4.882}Fe_{0.22}Al_{1.881}Si_{2.96}O_{10}(OH)_8$	11.5	
Illite—1M 伊利石	$K_{0.7}Al_2(Si_3Al)O_{10}(OH)_2$	4.4	
Muscovite 2M2 白云母	$K(AlFeLi)(Si_3Al)O_{10}(OH)F$	19.6	
Bayldonite 乳砷铅铜矿	$Cu_3Pb(AsO_4)_2(OH)_2$	1.4	

不同地区、成因软土的矿物成分

表 3-3

成 因 类 型	地 区	矿 物 成 分
泻湖相	宁波	黏土矿物以伊利石为主要成分，含少量蒙脱石、高岭石
滨海相	天津	黏土矿物以伊利石为主，含少量高岭石、蒙脱石及绿泥石
三角洲相	上海	几乎含有常见的各种黏土矿物，尤以伊利石、蒙脱石为主
	杭州	黏土矿物以伊利石为主，有少量的高岭石、绿泥石和伊蒙混层
沼泽相	昆明	黏土矿物以伊利石为主，绿泥石、高岭石等矿物组合

白云母通常呈假六方或菱形的板状、片状、柱状晶形，为二八面体结构；绿泥石的晶体结构由带负电荷的 2∶1 型结构单元层 $Y_3[Z_4O_{10}](OH)_2$ 与带正电荷的八面体片 $Y_3(OH)_6$ 交替组成(图 3-4)，晶体为假六方晶体片状，绿泥石与云母极相似；高岭石的结构单元是二层型晶胞，即由一层水铝氧八面体层$[Al(OH)_4O_2]$和一层硅氧四面体层$[SiO_4]$构成(图 3-5)，电镜下呈自形六方板状、半自形或其他形片状晶体；伊利石常呈极细小的鳞片状晶体，透射电子显微镜下呈不规则的或带棱角的薄片状，有时也呈不完整的六边形和板条状形态，伊利石的片状或条状的晶体非常细小。几种矿物集合体及土单粒互相堆叠接触，主要靠颗粒间的联结力和起胶结作用的黏土质及游离氧化物把单粒和集合体聚合在一起，本节研究结论为后续研究湿地湖泊相软土的微观结构提供了依据。

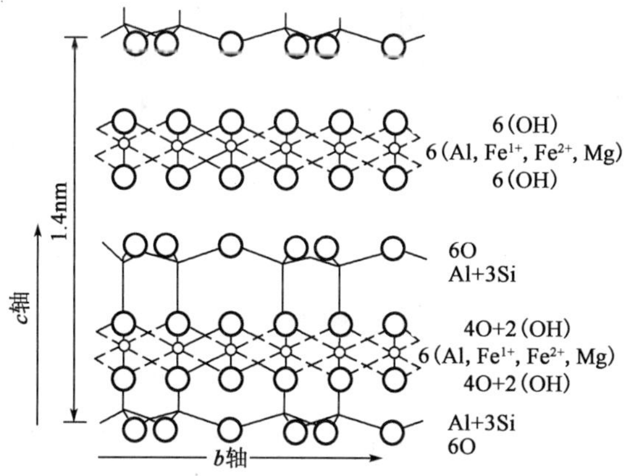

图 3-4 绿泥石的结构示意图

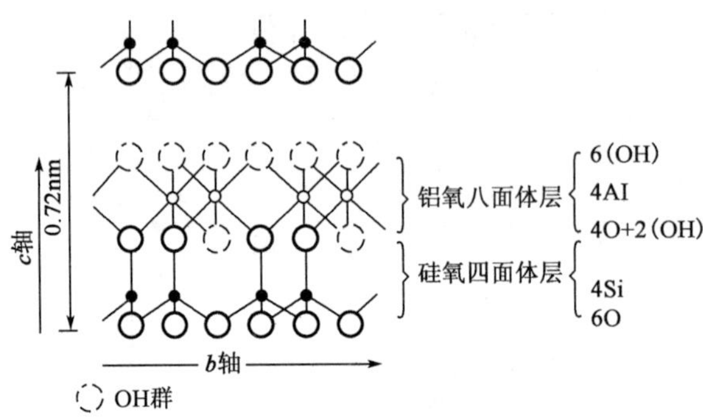

图 3-5　高岭石的结构示意图

3.2.2　粒度成分

土的粒度成分指土的颗粒的大小、含量和级配，它与沉积环境密切相关，在《建筑地基基础设计规范》(GBJ 50007—2002)和《岩土工程勘察规范》(GB 50021—2001)，将砂粒组与粉粒组的界线定为 0.075mm，粉粒组与黏粒组的界限定为 0.005mm，本文利用筛分法和沉降法对湿地湖泊相软土的粒度成分进行了测试，其试验结果如表 3-4 所示，土颗粒的累计质量分数如图 3-6 所示。

湿地湖泊相软土颗粒级配　　表 3-4

百分含量(%)			
>0.075mm 砂粒	0.075～0.005mm 粉粒	<0.005 黏粒	<0.002mm 胶粒
12.0	40.9	47.1	33.9

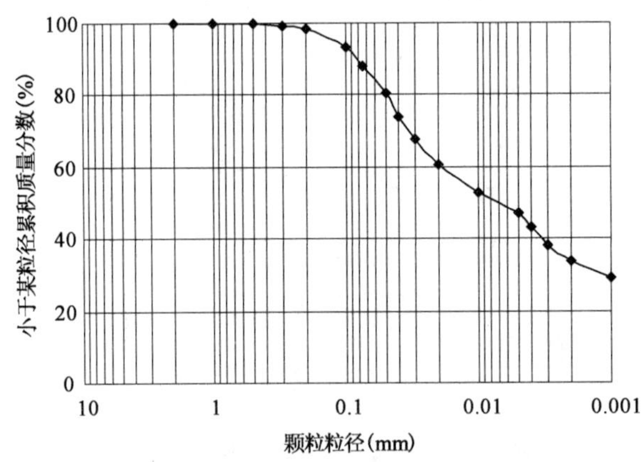

图 3-6　湿地湖泊相软土颗粒的累计质量分数

从颗粒分析结果可以得出，湿地湖泊相软土颗粒粒径大于 0.075mm 的含量比较少，主要以黏粒为主，含量达到 47.1%，其次为粉粒，含量为 40.9%，说明湿地湖泊相软土的塑性指数不会太大。

3.3　湿地湖泊相软土的基本物理力学性质

由于湿地湖泊相软土与沿海地区软土的生成环境、地质条件的差异，造成了湿地湖泊相软土物理力学指标的较大差异，因而其工程性能有较大差异。湿地湖泊相软土的孔隙比较小，小于1.0，含水率高，接近液限值；湿地湖泊相软土的压缩系数 $a_{1\text{-}2}$ 为1.01 MPa^{-1}，压缩模量 $E_{s1\text{-}2}$ 为1.73MPa。与沿海地区的软土相比，湿地湖泊相软土达不到软土的标准，属于中－高压缩性土。

3.4　物理力学指标统计

作为一种多孔介质，土的物理特性对力学性质有着重要的影响。本文取自衡水湖地区高速公路工程施工现场地下9m处的湖泊相软土试样，采用烘干法测定土样的天然含水率 ω，环刀法测定土样的天然密度 ρ 进而得到土的重度 γ，利用公式计算初始孔隙比 e_0，采用液塑限联合测定法测定土样的液限 ω_L 和塑限 ω_P 并通过公式计算得出土样的塑性指数 I_P 及液性指数 I_L，通过压缩试验测定土样的压缩系数 $a_{1\text{-}2}$ 和压缩模量 $E_{s1\text{-}2}$。试验结果如表3-5所示。

湿地湖泊相软土的物理力学指标　　表3-5

岩土名称	含水率 ω (%)	密度 ρ (g/cm³)	孔隙比 e_0	液限 ω_L (%)	塑性指数 I_P	液性指数 I_L	压缩系数 $a_{1\text{-}2}$ (MPa^{-1})	压缩模量 $E_{s1\text{-}2}$ (MPa)
粉质黏土	32.75	1.99	0.814	34.28	10.20	0.56	1.01	1.73

根据工程的地勘资料，整理了衡水湖地区邢衡高速经过路段的湖泊相软土物理力学指标的常见范围，如表3-6和表3-7所示。

枣园（邢衡界）衡水北互通段湿地湖泊相软土的物理力学指标范围　　表3-6

岩土名称	含水率 ω (%)	密度 γ(g/cm³)	孔隙比 e_0	液限 ω_L (%)	塑性指数 I_P	液性指数 I_L	压缩系数 $a_{1\text{-}2}$ (MPa^{-1})	压缩模量 $E_{s1\text{-}2}$ (MPa)
黏土、粉质黏土	30～45	1.82～1.96	0.9～1.6	31～43	7.9～10.9	0.52～1.55	0.59～0.96	2.1～5.3

衡水南绕城段湿地湖泊相软土的物理力学指标范围　　表3-7

岩土名称	含水率 ω (%)	密度 γ (g/cm³)	孔隙比 e_0	液限 ω_L (%)	塑性指数 I_P	液性指数 I_L	压缩系数 $a_{1\text{-}2}$ (MPa^{-1})	压缩模量 $E_{s1\text{-}2}$ (MPa)
黏土、粉质黏土	30～35	18.8～19.9	0.8～0.9	32～34	8.7～10.2	0.56～0.75	0.40～1.01	1.73～6.45

3.5　本章小结

（1）经实地调查，线路经过的地貌形态主要为冲积平原区，地形平坦而略有起伏，平均海拔15～45m。现存地貌为第四纪松散沉积物，地势平坦开阔、洼地及平地相间的地貌类型，区内为冲积平原地貌形态。地表植物主要是农作物。线路及其周边地表分布的地层主要为第四系地层，区内第四系为一套松散多层结构的泥质、砂质沉积物，自下而上地层划分为下更新统（Q_1）、中更新统（Q_2）、上更新统（Q_3）和全新统（Q_4）。

（2）湿地湖泊相软土的黏土矿物主要包括斜绿泥石、高岭石、伊利石、白云母，其中粉质黏土试样中黏土矿物占矿物总量的30.8%，黏土试样中黏土矿物占矿物总量的41.9%，主要的黏土矿物均为细小的白云母，其次是绿泥石、高岭石，黏土试样中还含有少量的伊利石。

（3）湿地湖泊相软土的黏土矿物主要包括斜绿泥石、高岭石、伊利石、白云母，其中粉质黏土试样中黏土矿物占矿物总量的30.8%，黏土试样中黏土矿物占矿物总量的41.9%，主要的黏土矿物均为细小的白云母，其次是绿泥石、高岭石，黏土试样中还含有少量的伊利石。

（4）由于湿地湖泊相软土与沿海地区软土的生成环境、地质条件的差异，造成了湿地湖泊相软土物理力学指标的较大差异，因而其工程性能有较大差异。湿地湖泊相软土的孔隙比较小，小于1.0；含水率高，接近液限值；湿地湖泊相软土的压缩系数 $a_{1\text{-}2}$ 为1.01 MPa^{-1}，压缩模量 $E_{s1\text{-}2}$ 为1.73MPa。与沿海地区的软土相比，湿地湖泊相软土达不到软土的标准，属于中—高压缩性土。

（5）枣园（邢衡界）衡水北互通段（主线）软土、软弱土天然含水率 ω 为30.0%～45.4%，孔隙比 e 为0.927～1.583，液性指数 I_L 为0.52～1.55，压缩指数 $a_{1\text{-}2}$ 为0.59～0.96MPa^{-1}，压缩模量 $E_{s1\text{-}2}$ 为2.1～5.3MPa，标贯击数 N 为2～5击；邢衡高速衡水南绕城段，地下水位埋深在10m左右，软弱土的重度 γ 为18.8～19.9kN/m^3，孔隙比 e 为0.8～0.9，小于1.0；含水率 ω 为30%～35%，液限 ω_L 为32%～34%，小于或者接近液限值，塑性指数 I_P 为8.7～10.2，液性指数 I_L 为0.56～0.75。邢衡高速软弱土压缩系数 $a_{1\text{-}2}$ 为0.40～1.01MPa^{-1}，压缩模量 $E_{s1\text{-}2}$ 为1.73～6.45MPa，属于中—高压缩性土。

第 4 章　湿地湖泊相软土的结构特性与流变特性

4.1　结构屈服应力概述

结构性在天然软土中是普遍存在的，但长期以来由于各种原因没有引起足够的重视，人们一般认为软土有高含水率、高孔隙比，也就意味着有低抗剪强度和高压缩性，但是结构性的存在，使得这些力学指标的对应关系出现了变化[97]。当应力水平低时，土体表现出较好的力学性质；而当应力过高时，结构将会突然发生破坏，土的力学性质发生急剧恶化，且在短期内难以恢复[98]，因此在评价软土的工程特性时应注意与结构性联系起来，重视结构破坏前后力学性质的变化。20 世纪 90 年代，Burland 和沈珠江总结了此方面的研究成果，提出新的研究方向，土结构性研究才重新引起了关注[99]。测定先期固结压力的方法有很多，如 Casagrande 法、Schmertmann 法和 Burmister 法等，然而这些方法测定得出的先期固结压力或超固结比的值，只是针对非结构性土而言的，对于原状结构性土用这些方法所得出的结果，不能简单直接称之为此原状结构性土的先期固结压力或超固结比，而应称之为结构屈服压力和结构应力比[98]，上述结构屈服应力严格上讲，应为一维压缩结构屈服应力，如图 4-1 所示。对三轴压缩试验，其结构屈服应力为三轴压缩应力应变曲线上台坎处对应的应力，如图 4-2 所示。以下试验用土均取自于邢衡高速公路试验段。

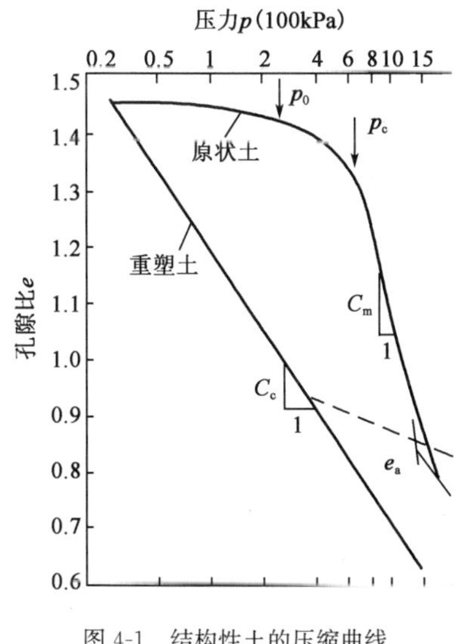

图 4-1　结构性土的压缩曲线

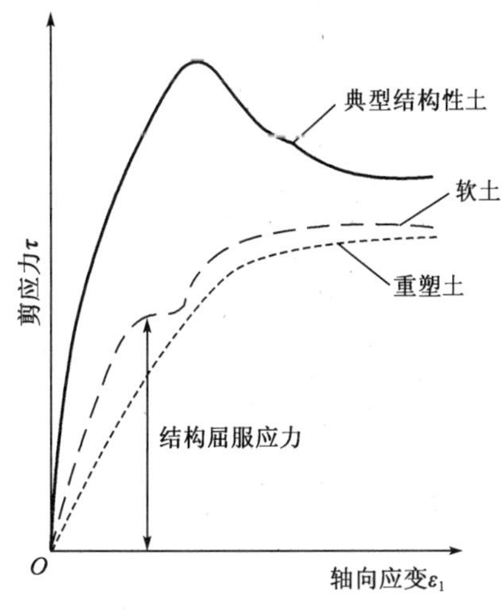

图 4-2　三种类型土的应力应变关系图

4.2 湿地湖泊相软土的结构特性

4.2.1 一维压缩结构屈服应力

在室内研究土的压缩性，一般通过有侧限压缩试验来测定土的压缩性指标。这种方法所用的仪器简单，操作方便，主要设备为杠杆式高压固结仪，如图 4-3 所示。固结压力采用 25kPa、50kPa、75kPa、100kPa、125kPa、150kPa、200kPa、400kPa、600kPa、800kPa 加载等级，稳定时间标准为 24h，土样面积为 30cm^2，高度为 2cm。

图 4-3 杠杆式高压固结仪

试验所用土样取自邢衡高速公路试验段 ZK4＋180～ZK4＋785.5 段地下 9m 处，通过钻孔取得该地软弱土的原状样，在试验室对该软弱土原状样进行单轴压缩试验，试验结果如图 4-4 和图 4-5 所示。计算得出的原状土压缩性指标 $a_{1\text{-}2}$＝1.01MPa^{-1}，压缩模量 $E_{s1\text{-}2}$＝1.73MPa。土的压缩性判断标准如表 4-1 所示。由表 4-1 可以看出，这种软弱土为高压缩性土。另外，由图 4-4 和图 4-5 可以看出，该地软弱土在压缩过程中具有明显的结构屈服应力，我们利用 Casagrande 法得出应力约在 177kPa 处，压缩曲线发生明显的转折，具有典型结构性黏土压缩曲线的特征，这证实了该地软弱土本身是一种结构性土，压缩曲线的转折是应力超过结构强度所引起的[99]。也就是说，在应力达到约 177kPa 时，该地软弱土的结构开始发生突变或破坏，从而导致该地软弱土工程性质的改变。这种结构的变化可来自土颗粒的重新排列、土颗粒(团粒)的破裂或破坏等。

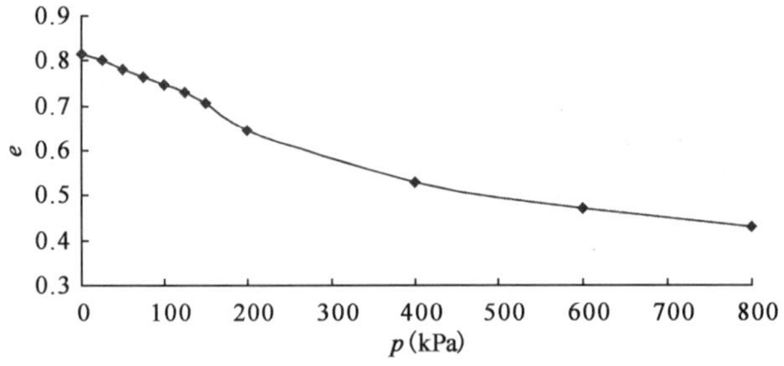

图 4-4 湿地湖泊相软土的压缩 e-p 曲线

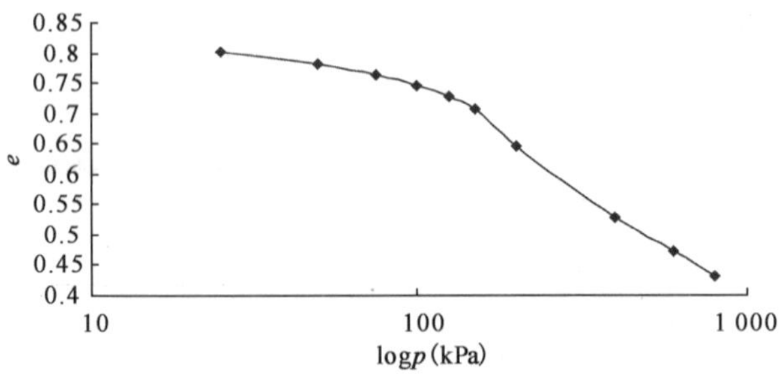

图 4-5 湿地湖泊相软土的压缩 e-log p 曲线

该处的软弱土的自重应力为171kPa，结构屈服应力为177kPa，超固结比OCR约为1，因此该地的软弱土为正常固结土。

土的压缩性判断标准　　表4-1

压缩性指标	土　类
$a_{1\text{-}2}<0.1\text{MPa}^{-1}$	低压缩性土
$0.1\ \text{MPa}^{-1}<a_{1\text{-}2}<0.5\text{MPa}^{-1}$	中压缩性土
$a_{1\text{-}2}>0.5\text{MPa}^{-1}$	高压缩性土

4.2.2　三轴压缩结构屈服应力

本次试验设备采用SJ-1AG三轴剪切仪进行试验，如图4-6所示。

图4-6　SJ-1AG三轴剪切仪

试验所用土样取自邢衡高速公路试验段ZK4+180～ZK4+785.5段地下9m处，通过钻孔取得该地软弱土的原状样，在试验室对湿地湖泊相软土原状样进行不同排水条件下的三轴压缩试验，求得其三轴压缩结构屈服应力。图中的圆圈即为三轴压缩结构屈服应力，如图4-7～图4-9所示，同时将图4-7～图4-9中的数据进行统计如表4-2所示。其中UU为不固结不排水试验，CU为固结不排水试验，CD为固结排水试验，在后续文章中统一以字母缩写表示。

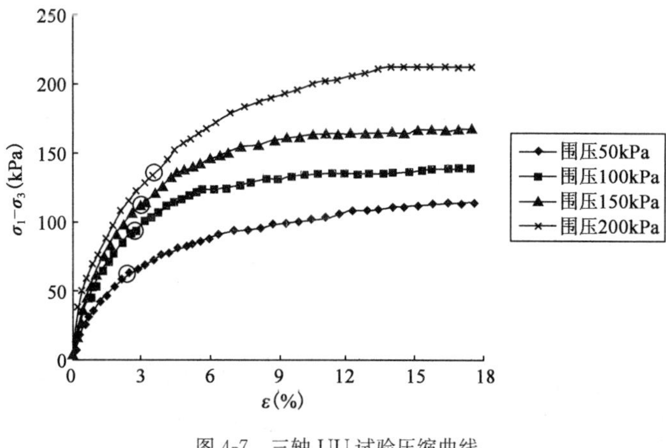

图4-7　三轴UU试验压缩曲线

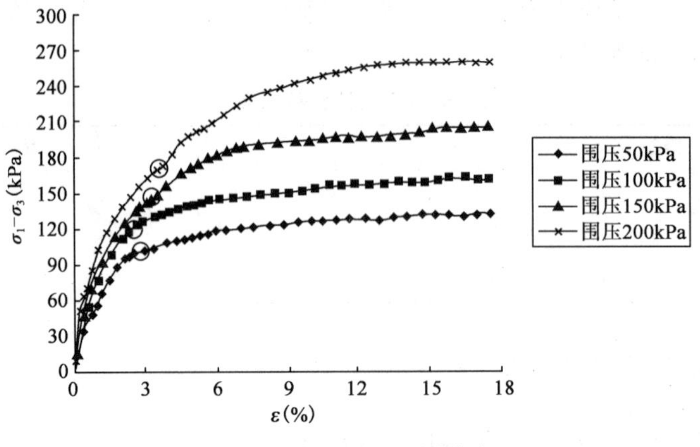

图 4-8　三轴 CU 试验压缩曲线

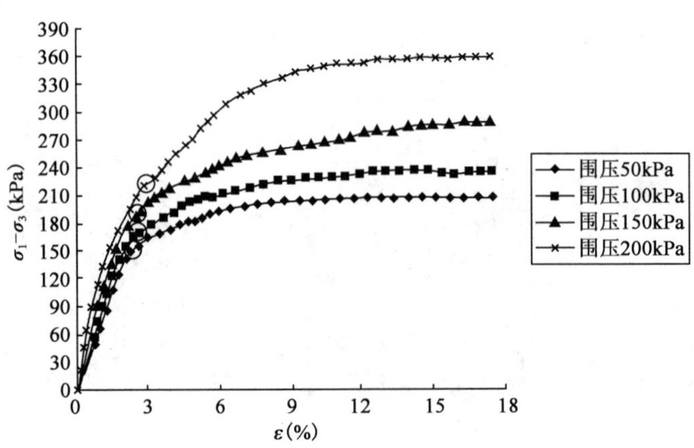

图 4-9　三轴 CD 试验压缩曲线

湿地湖泊相软土的三轴压缩结构屈服应力　　表 4-2

试验方法	围压(kPa)	结构屈服应力(kPa)	试验方法	围压(kPa)	结构屈服应力(kPa)
UU	50	64	CD	50	145
	100	86		100	176
	150	103		150	193
	200	129		200	228
CU	50	92			
	100	117			
	150	139			
	200	168			

图 4-7～图 4-9 表明，湿地湖泊相软土在不同排水条件下都存在三轴压缩结构屈服应力。对其结果进行统计，数据如表 4-2。表 4-2 的数据表明，不同排水条件下的三轴压缩结构屈服应力随着围压的增大而增加，这是由于土体压密作用的结果。

4.2.3　三轴剪切结构屈服应力

本次试验对湿地湖泊相软土进行了不同排水条件下的三轴剪切试验，试验结果如图4-10～图4-12所示，图中包络线上的圆圈处为三轴剪切结构屈服应力点的位置。

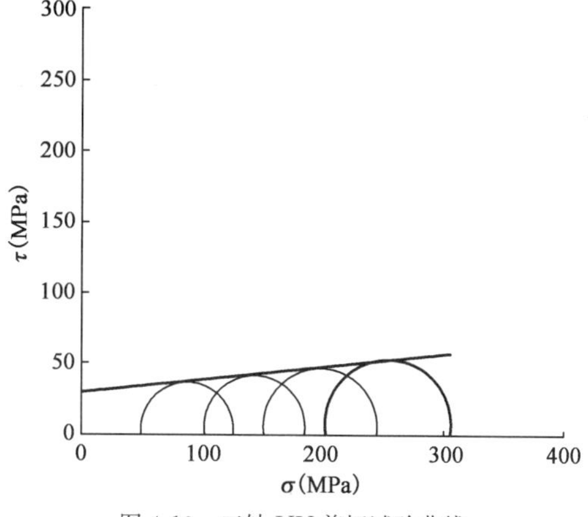

图4-10　三轴UU剪切试验曲线

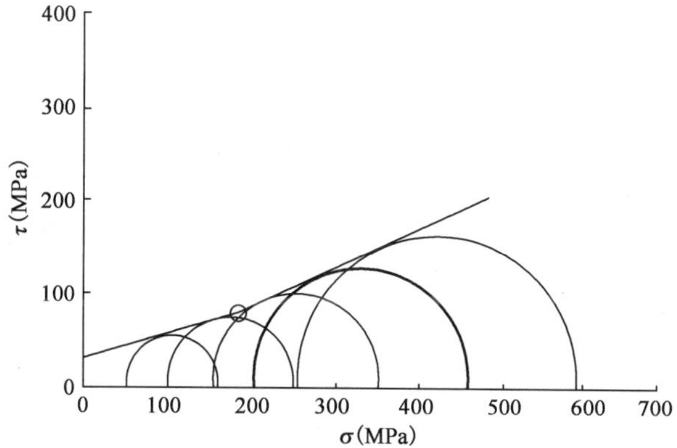

图4-11　三轴CU剪切试验压缩曲线

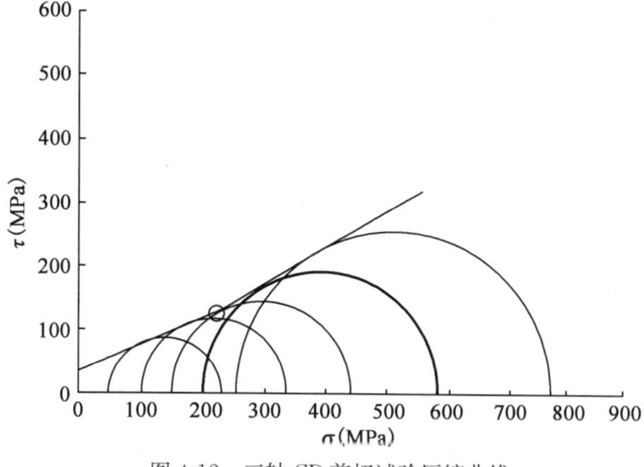

图4-12　三轴CD剪切试验压缩曲线

由图4-10～图4-12可以看出，湿地湖泊相软土UU试验的摩尔包络线基本上为直线，也就是说可以不考虑结构性的影响，CU试验与CD试验的莫尔包络线都为折线，说明这两种试验条件下，湿地湖泊相软土都有一定的结构性，折线交点为剪切结构屈服应力，从表4-3中可以看出，CD试验的结构屈服应力大于相应的CU试验的结构屈服应力，这是由于剪切过程中排水会使土的剪切结构屈服应力增大，原因是有效应力的增加会使土颗粒充分接触，连接强度增大，结构增强，结构屈服应力增大。

湿地湖泊相软土抗剪强度指标与结构屈服应力统计表　　表4-3

试验方法	C(kPa)	φ(°)	C_1(kPa)	φ_1(°)	C_2(kPa)	φ_2(°)	转折点坐标
UU	41	4	—	—	—	—	—
CU	—	—	17.4	19.2	12.8	28.6	(182.2,89.6)
CD	—	—	21.7	26.6	7.7	39	(214.5,137.9)

4.2.4 无侧限抗压强度

本试验设备采用无侧限压缩仪进行试验，试验仪器如图4-13所示。

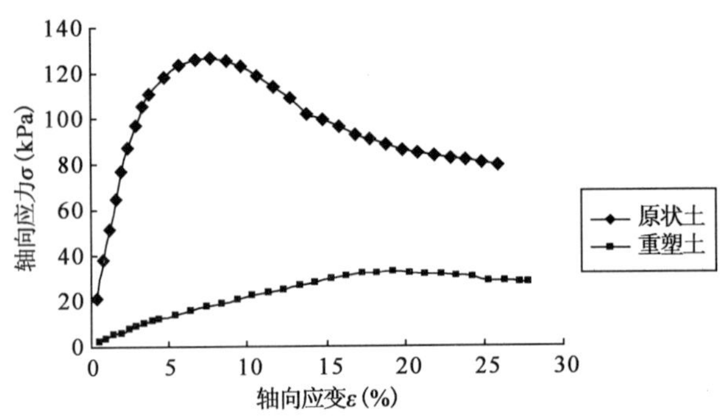

图4-13　轴向应力与轴向应变的关系图

图4-14　无侧限压缩仪

试验所用土样取自邢衡高速公路试验段ZK4+180～ZK4+785.5段地下9m，通过钻孔取得该地软弱土的原状样，在试验室对湿地湖泊相软土原状样和重塑土进行无侧限压缩试验，求得其无侧限抗压强度与灵敏度，试验结果如图4-13所示。

灵敏度(S_t)是原状土的无侧限抗压强度q_u与相同含水率重塑土的无侧限抗压强度q'_u之比，可用于评价土体结构被破坏时的土强度的减弱程度。灵敏度也被称为结构强度系数，其值越大，说明结构破坏对土的影响越大，强度降低越明显。土的灵敏度判断标准如表4-4所示。

由图4-14可以看出，原状土的无侧限抗压强度为123kPa，重塑土的无侧限抗压强度为29.8kPa，灵敏度为4.1，由表4-4可以看出，湿地湖泊相软土为灵敏度土。

土的灵敏度的判断标准　　表 4-4

灵敏度	土类	灵敏度	土类
$S_t \leqslant 2$	低灵敏度土	$4 < S_t \leqslant 8$	灵敏度土
$2 < S_t \leqslant 4$	一般灵敏度土	$S_t > 8$	高灵敏度土

4.3　湿地湖泊相软土的流变特性

4.3.1　试验仪器设备及试验方法

4.3.1.1　试验仪器设备

室内试验是进行土体流变特性研究的重要手段，但室内试验常受测试手段的限制。目前常用的土工试验方法很难测定土体流变变形。TSS10 型土体三轴流变试验机（以下简称试验机），主要用于土体在三轴应力作用下的流变性能测试。运用该系统可以顺利地解决用实验方法测定土体流变变形的问题，为更好地建立流变模型奠定试验基础。

TSS10 型土体三轴流变试验机[100]与常规的土体三轴剪切试验仪原理非常相似，都包括了压力室、加压系统和量测系统几大部分。不同的是，常规三轴试验仪器大都只能进行应变控制，而不能进行不同的应力水平控制。土体三轴流变试验机可以进行应力和应变控制，关键是能进行应力维持，即在某一个应力水平下，保持该应力不变，定时量测试样的应变、孔隙水压力和排水量等数据。本试验所用长春试验机研究所生产的试验仪器如图 4-15 所示。

图 4-15　TSS10 型土体三轴流变试验机

4.3.1.2　试验方法

室内进行软土三轴蠕变试验时，蠕变试验加载方式一般有两种：分别加载和分级加载[101]。

分别加载指的是对同一种土需要取完全相同的土样若干，在完全相同的仪器、完全相同的试验条件、不同的应力水平下同时进行试验，得到一簇不同应力水平下蠕变全过程曲线，如图 4-16 所示。该方法从理论上讲符合流变试验所要求的条件，而且直接就能得到土的流变全过程曲线。但要真正做到严格的分别加载是很困难的，主要有两点难以实现：一是保证上述的许多完全相同的试验条件不太可能；二是很难有这么多套仪器同时用来做长时间的蠕变试验。所以目前国内外的室内流变试验一般不采用该方法。

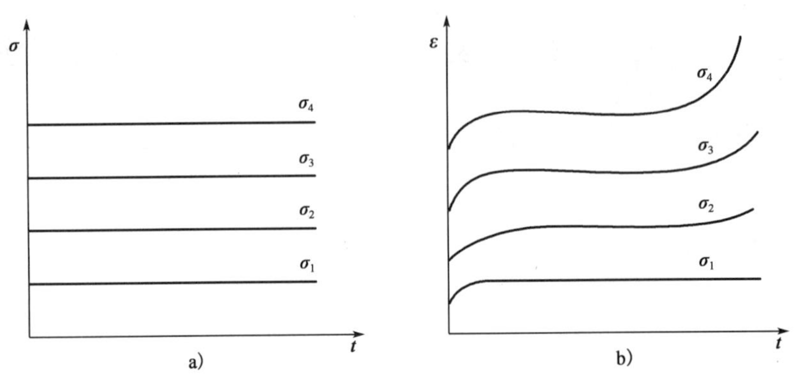

图 4-16　采用分别加载的应力—历时曲线和应变—历时曲线

分级加载指的是在同一试样上逐级施加不同的应力，也就是在某一级应力水平下蠕变经历给定的时间或达到稳定后，再将应力提高到下一级，如此反复加载，直到加载至所需的应力水平或试样破坏为止。分级加载流变曲线如图 4-17 所示。但是这种加载方式不能直接得到每一级应力水平下应变与时间的完整蠕变曲线，而它的应力水平随时间的变化以及所得到的蠕变曲线呈上升的阶梯形状，这种曲线不能直接用于分析土体的蠕变特性，需要运用叠加的数值方法转换成分别加载下的曲线形式。虽然分级加载在结果处理上比较麻烦，但它克服了分别加载的种种局限，使蠕变试验在实验室内进行成为可行，现已为广大工程研究者采用。本文所做的三轴蠕变试验即采用分级加载方式进行。

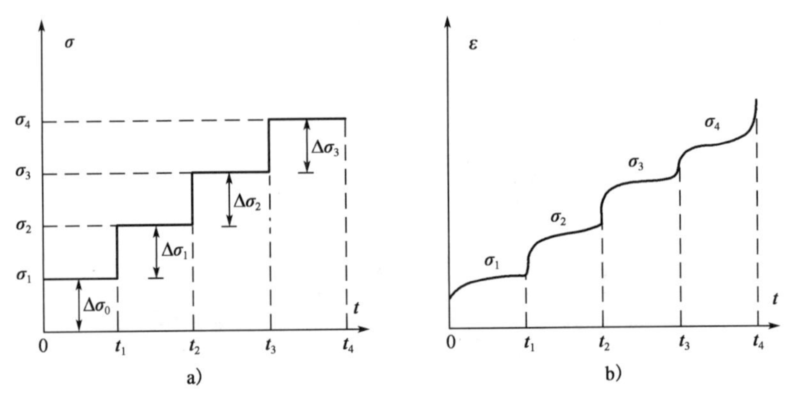

图 4-17　采用分级加载的应力—历时曲线和应变—历时曲线

4.3.1.3　流变试验的时间尺度效应

流变是应力应变关系关于时间效应的问题，因此时间的长短直接关系到流变数值的大小。工程实际中土的蠕变是个长时间的问题，尤其对于高含水率的黏性土，流变持续时间会更长，可达数十年甚至上百年。开展现场长时间的流变观测与研究，变得很不现实，因此室内试验就成为研究土的蠕变特性的重要手段。

对于蠕变稳定标准目前尚无规范规定，一般认为在10 000s内变形量小于0.01mm则认为已达到稳定。国内一些关于标准固结稳定的时间一般是24h变形量小于0.01 mm，就认为达到稳定。本文确定48h变形量小于0.01mm就认为达到稳定，且每一级应力水平下，蠕变最少持续时间都要达到96h，之后才能进入下一级应力水的试验。

4.3.1.4　流变试验步骤

(1)样品制备

本研究将要进行多个不同围压的试验，这样满足现场软弱土的实际受力情况。样品直径39.1mm、高80mm，与常规三轴试验样品大小一致。每次制样品3个，施加与现场相近的围压。由于土样密封好，基本不失水，又因施加的围压与现场接近，因此样品试验前不需进行饱和。

(2)试验

土样加入压力室，对不同深度的样品施加与现场相近的围压，本次研究围压确定为50kPa、100kPa、150kPa、200kPa。等围压达到要求后，逐级施加各级偏应力$\Delta\sigma_1$，各级偏应力大小见试验方案。试验仪器压力传感器直接与水中土样接触，不存在因围压的作用而产生反力进行修正的问题，采集的数据就是各级偏应力下应变随时间变化的曲线。通过采集的竖向变形值，判断试样变形是否达到稳定。本次试验的稳定时间基本控制在4d。再施加偏应力$\Delta\sigma_1$，如此循环直到土样破坏。将采集的数据按Excel格式保存，以便后续处理。

4.3.2　流变试验方案

试验所用土样取自邢衡高速公路试验段ZK4＋180～ZK4＋785.5段地下9m，通过钻孔取得该地软弱土的原状样，在试验室对湿地湖泊相软土原状样进行流变试验，为了模拟真空堆载联合预压方法，使研究的结果更符合现场工程实际，主要开展了固结排水流变试验及其相关特性的研究，所采用的最大围压为200kPa，具体试验方案如表4-5所示。

固结排水流变试验方案　　表4-5

围压(kPa)	偏应力 s 施加过程(kPa)								
50	10	20	30	40	60	100	140	180	200
100	10	20	30	40	60	100	140	180	220
150	20	40	60	80	100	140	180	220	240
200	20	40	60	80	120	150	180	220	240

4.3.3　固结排水流变试验结果与分析

(1)流变历时曲线(图4-18～图4-21)

由图4-18～图4-21可知：

①各围压下土样应变均随偏应力水平的增加和时间的累积而增大；蠕变变形与应力水平有关，应力水平越高，蠕变变形越明显。在应力水平较低时，主要是衰减蠕变阶段，曲线形状类似于直线，蠕变变形量非常小；随着剪应力的增加，出现瞬时变形、非稳定变形和稳定变形，偏应力水平越大，瞬时变形加大；当剪应力达到某一值时，试样发生剪切破坏。

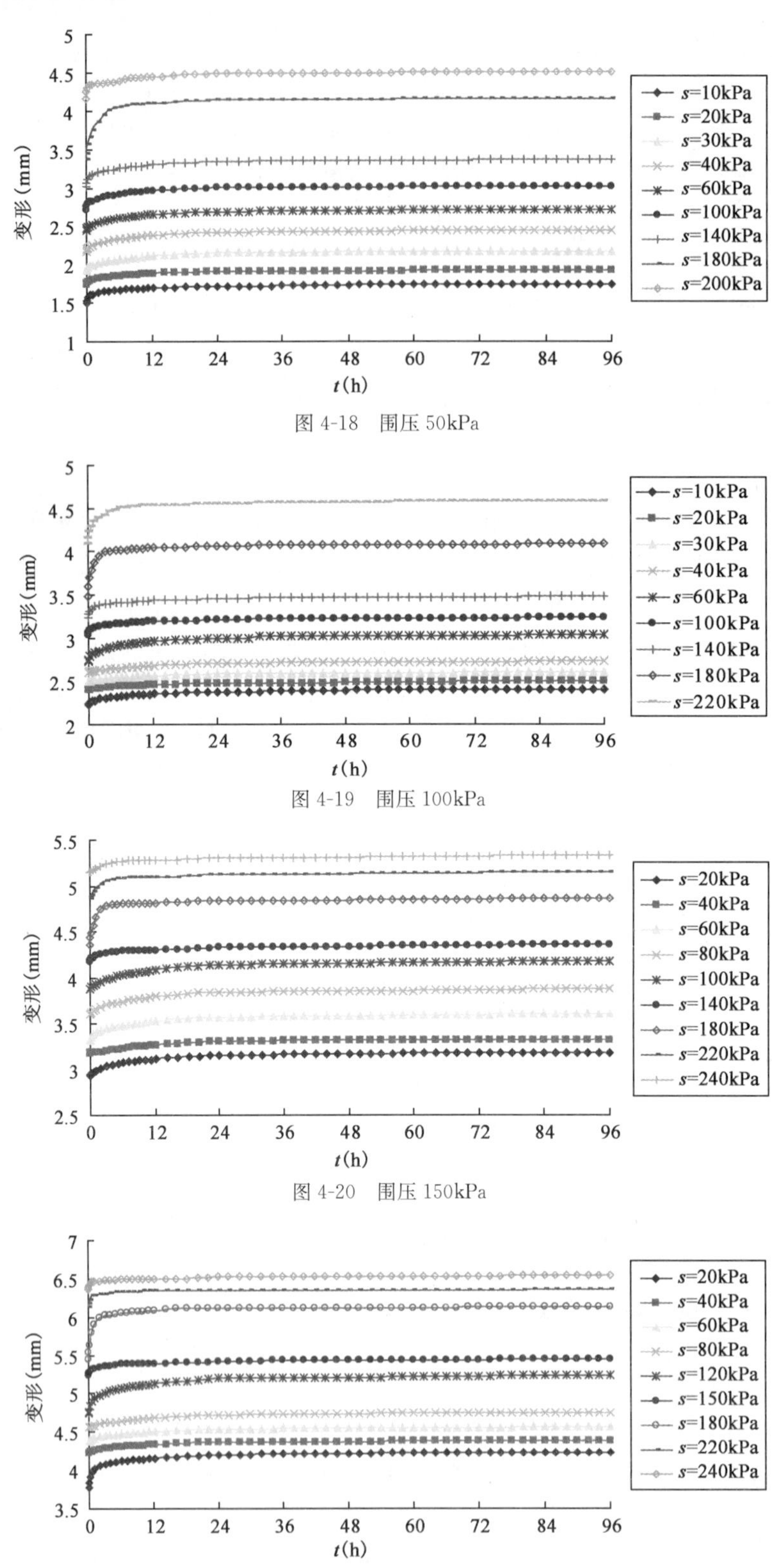

图 4-18　围压 50kPa

图 4-19　围压 100kPa

图 4-20　围压 150kPa

图 4-21　围压 200kPa

②蠕变具有明显的三阶段特性。第一阶段为减速蠕变，应变在初始阶段增长率很大，但速度逐渐减小；第二阶段为等速蠕变阶段，在此阶段应变的变化很小，土体处于稳定状态；第三阶段为非稳定蠕变阶段，此阶段土体的应变增长很快，直至破坏。从上图可以看到，此处土体仅表现出第一阶段和第二阶段的蠕变特性，未出现极速破坏的现象。这是由于排水条件下的土样变形包括固结变形与蠕变变形。在各级偏应力的作用下，随着孔隙水的被排出，土骨架被压密，密实度增加，试样的变形主要转为蠕变变形为主。

③在固结作用下，大量的自由水排出，使固结变形占总变形量的比例很大。然后经过第一级的流变排水，这时能排出的自由水已经很少，土体抵抗小偏应力的能力增强，因此，随着偏应力的增加，其后几级流变变形小。最后几级流变量反而又增大，是因为此时土体无法抵抗高偏应力，所以表现大变形，然后会很快进入破坏阶段。

(2)流变等时曲线(图 4-22～图 4-25)

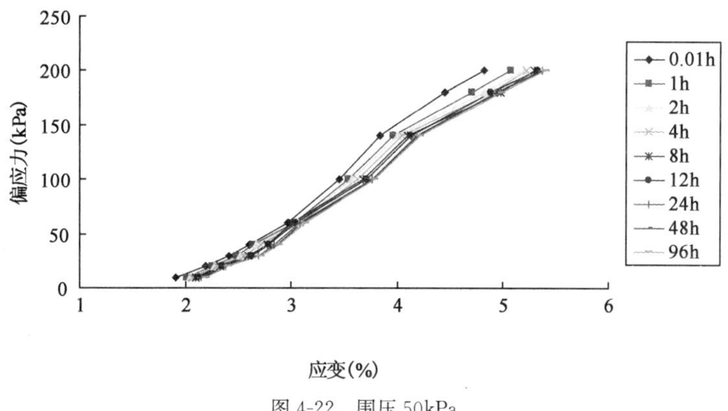

图 4-22　围压 50kPa

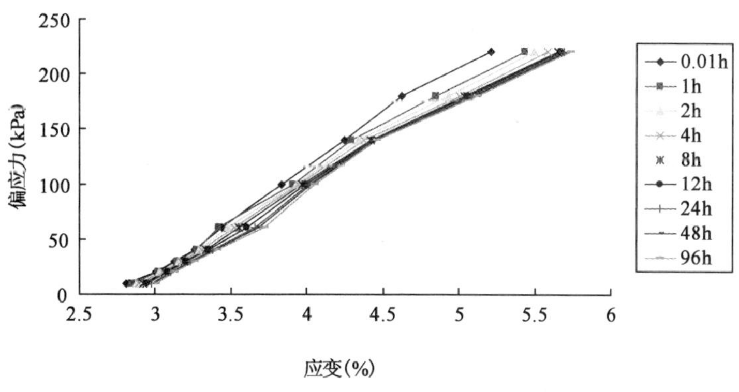

图 4-23　围压 100kPa

如图 4-22～图 4-25 所示，排水条件下，各围压下的等时曲线没有明显的屈服特征，近似直线，可认为蠕变表现为线性特征，排水引起的固结效应使土体蠕变的非线性特性弱化了。

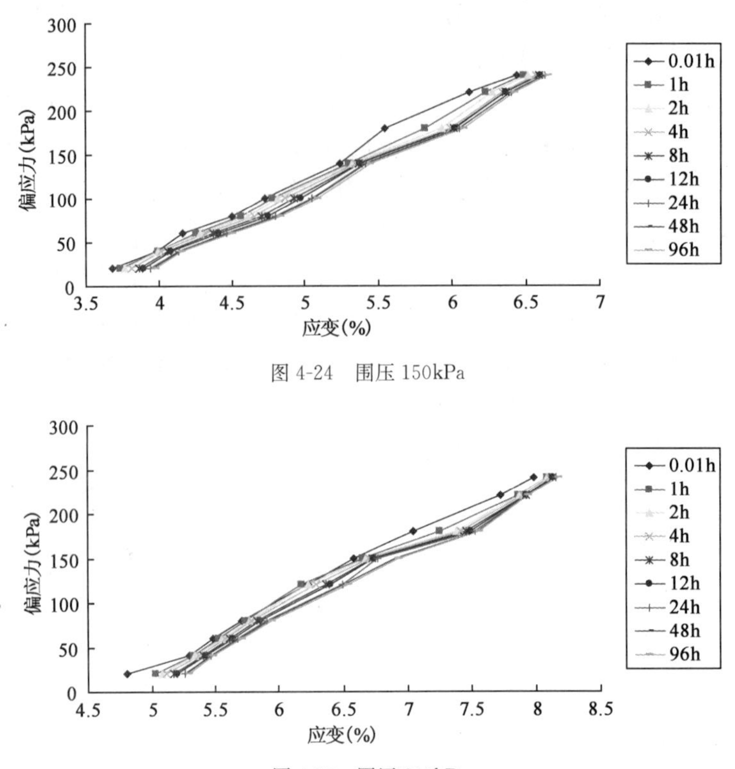

图 4-24　围压 150kPa

图 4-25　围压 200kPa

4.4　本章小结

土体的结构性是指土体颗粒和孔隙的性状、排列形式(或组构)及颗粒之间的相互作用。应该说土都具有一定的结构性,对其土工特性有非常大的影响,结构性控制着土体的工程地质性质。本章通过单轴压缩试验、三轴试验与流变试验的研究,可以得到以下结论:

(1)湿地湖泊相软土具有明显的结构性,为正常固结土。在应力达到结构屈服应力后,该地软弱土的结构开始发生突变或破坏,从而导致了该地软弱土工程性质的改变。

(2)对不同排水条件下湿地湖泊相软土的剪切结构屈服应力进行了研究,结果表明排水条件影响土体结构性的大小,而土体结构性直接影响抗剪强度指标的大小,工程实践中要引起足够的重视。

(3)湿地湖泊相软土在排水固结条件下的流变试验,仅表现出减速蠕变与减速蠕变阶段的蠕变特性,未出现极速破坏的现象。这是由于排水条件下的土样变形包括固结变形与蠕变变形,在各级偏应力的作用下,随着孔隙水的被排出,土骨架被压密,密实度增加,试样的变形主要转为蠕变变形为主。在固结作用下大量的自由水排出,使固结变形占总变形量的比例很大。然后经过第一级的流变排水,这时能排出的自由水已经很少,土体抵抗小偏应力的能力增强,随着偏应力的增加,其后几级流变变形较小。最后几级流变量反而又增大,表现大变形,然后会很快进入破坏阶段。另外,排水条件下,各围压下的蠕变表现为线性特征,排水引起的固结效应使土体蠕变的非线性特性弱化了。

第5章　湿地湖泊相软土的微观结构

5.1　研究土体微观结构的目的

众所周知，土是自然界中极其复杂的多相体系。由于土的地质成因、矿物成分、粒度组成、物理性质、化学性质和有机质含量等的不同，土的结构形式也随之不同。各种类型的微观结构对土的工程性质有着一定的影响。研究表明，在土颗粒聚合时多半以面—边、面—角或面—面的方式结合。由电子显微镜观察得知，实际黏土中的颗粒更多的是以集粒（土颗粒集合体）的形式存在，而不是以单个颗粒的形式存在。集粒间的相互联系与排列方式是决定黏性土性质的主要因素。此外，在饱和土中，土的孔隙支配着水—土关系，支配着土层的透水性和压缩性等土的性质，对土中孔隙大小、多少、形状以及分布的观察，可以判别土的疏密状态、形成条件和结构强度。在本次试验研究中，经过不同应力路径试验后，其结构强度发生了明显变化。这一现象的产生必然有其存在的根源。因此，本次研究力求从土体的微观结构分析入手，重点研究土体中颗粒与孔隙分布在经历不同应路径试验后的变化规律，探求荷载大小对土体结构强度产生影响的原因。

5.2　湿地湖泊相软土微观结构分析方法

5.2.1　样品制备

对不同荷载作用下的试样，选择土样的垂直截面和水平截面分别进行电镜扫描。为了保证微观试样尽可能保持真实结构，在切取土样时，我们尽量选择试样中心处取样，取样方法如图5-1所示，阴影部分为扫描截面。

目前为止，微观结构测试技术还无法在潮湿的未扰动样品上直接取得试样的微观结构照片，而只能对已经处理过的脱水试样进行观测拍照，这就需要在电镜扫描之前对潮湿土样中的水分进行置换或排除，在此过程中土的原始结构不可避免地要受到影响。所以，如何选择恰当的脱水技术，尽量减少对天然结构的扰动就至关重要。综合比较现有微结构制样脱水技术，真空冷冻干燥法是目前制备微结构样品最理想的方法[101-102]，它能彻底去掉软土中的水分，同时保持土中颗粒和孔隙的完整性和真实性，确保试样可以在真空度很高的电镜室里被观测和拍照。本次研究的土样均采用真空冷冻干燥法处理，所谓冷冻干燥是指在真空状态下直接把结冰的水升华为气态，所用仪器为德国CRIST ALPHA 1-2/LD-Plus型冷冻干燥机（见图5-2）。制备试样的基本程序是：利用液氮冷冻后的裁纸刀或者细钢丝锯，将原状土切成4mm×

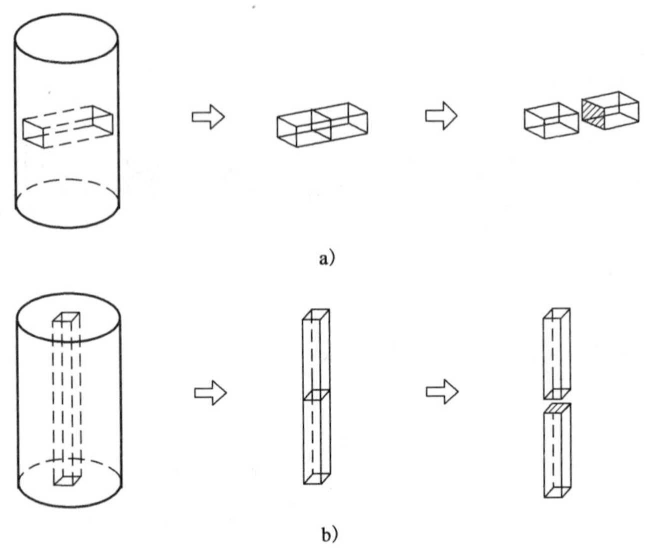

图 5-1 不同荷载作用下的试验土样微观试验样取样方法示意图

4mm×10mm 的土条，切土的过程中确保接触土样的刀锋保持低温冷冻状态，减少对土样剖面的干扰。然后将切好的土样放入常年保持－40℃温度的低温保存柜中冷冻 24h，对于少量样品在冻干机中进行冷冻，大量样品需要连同隔板一起进行低温冷冻，土中的孔隙水经此处理成为不具膨胀性的非结晶态冰。然后对冷冻后的样品进行干燥处理，最后在－50℃的状态下对其进行抽真空 15h 以上。抽真空时间需要考虑试样材料及气候等因素，一般以 24～48h 为宜，目的使土中非结晶态冰直接升华，从而达到土样既干燥又不变形的目的，所制备样品等待进入扫描电子显微镜的电镜室进行微观结构的观测拍照。

图 5-2 德国 CRIST ALPHA1－2/LD－Plus 型冷冻干燥机

5.2.2 扫描电镜试验

比较现在诸多微观结构观测手段，扫描电子显微镜是目前最常用的测试手段。扫描电子显微镜通过利用具有一定能量的电子束轰击经过处理的样品表面，使其产生随样品表面形态起伏而变化的信号，这些信号经过探测、放大、处理后被输送到显示系统，呈现出被分析区域的扫描电子图像[103-104]。

本次试验采用荷兰飞纳公司出厂的型号为 G2pro 台式扫描电子显微镜对湖泊相软土微观结构特征进行了观测和照片提取。这里需要指出的是扫描电镜试样的制备工作是能否获得预期最佳分析结果的先决条件，过程包括试样的选取、处理、固定在样品座上和进行喷镀导电层等步骤[103]。首先需要挑选经真空冷冻脱水处理后天然结构仍然保持很好的样品进行观测。其次为了防止样品的抖动引起图像质量的下降，测试前先将干燥过的样品用导电胶固定在样品台上，如图 5-3 所示。然后进行喷金作业，以防止拍摄过程中由于样品受到电子束的轰击而产生放电影响观测效果。最后启动程序，并将样品先放入扫描前室，待仪器检测样品真空度满足要求，再将样品被送入电镜室进行拍摄。拍摄方法有两种，一种是先从高倍率开始扫描，找到典型的结构单元体，再逐步降低放大倍数以便清晰观测研究对象；另一种是先从低倍率开始，对试样进行较大范围的观察，找到理想的区域，再逐步放大观测倍数，保证图像清晰度。两种方法各有利弊，需要视研究对象具体情况而定。为了便于定量分析，对试样分别采用 2 000 倍与 5 000 倍进行图像拍摄。

图 5-3　电镜扫描前试样处理

5.3　湿地湖泊相软土微结构特征分析

土中的颗粒是组成土的基本结构单元体，它的基本固相单元可以是单粒或者是单粒集合体即集粒，土的结构性即颗粒和孔隙之间接触和联结关系的总称。扫描电镜下观察到的软土微结构类型，根据前苏联学者[104]和唐大雄等（1987 年）[105]的研究成果，可以分为以下 7 类结构。

（1）絮凝状结构

以黏粒为主的絮凝体中，集粒为基本结构单元体，有少量的粗颗粒分布其中。集粒内黏土矿物多呈现边—面、边—边和少量面—面接触，孔隙具有较好的连通性。集粒的定向性较差，因而土的工程地质性质较均匀。絮凝状结构可以根据孔隙的大小和多少将其进一步划分为紧密的絮凝状结构和松散的絮凝状结构。

（2）基质状结构

集粒内黏土矿物通常表现为面—面、边—面和边—边 3 种接触，孔隙分布均匀，其中含有一些分布不均匀、不规则的、互不接触的粉粒和砂粒，无定向性。基质状结构的黏土较密实，具备弱～中等密实度。

（3）紊流状结构

紊流状是基质状结构进一步发展的结构，密实度较高。集粒内黏土矿物之间以面—面接触为主，片状集粒围绕单粒呈涡旋状排列。这种结构的定向性强，构成微层理。

（4）叠片状结构

集粒内黏土矿物通常表现为面—面、面—边接触，孔隙常沿黏土片的长轴方向呈延长状，有的呈裂隙状或楔形。由于集粒的高度定向，导致土的工程地质性质具有各向异性。

（5）团粒状结构

这种结构是团聚状的集粒，主要靠颗粒间的黏结力和起胶结作用的黏土质及游离氧化物把单粒和集粒聚合在一起，颗粒主要以黏粒和粉粒为主，游离氧化物较少，可按其结构单元体的排列紧密程度进行进一步分类。土的强度不高，分散性较大。

(6)蜂窝状结构

颗粒和孔隙的排列呈等轴的、开放性状态,类似蜂窝,颗粒常在接触带上"连生"而构成集粒,其接触类型有面—面、面—边两种类型,结构中夹杂未分解的有机质残渣和硅藻球菌等,孔隙外形呈现圆形、等轴多边形等,孔隙度较高,多为未受压或者微弱受压的软土所具有。

(7)海绵状结构

即细小蜂窝状结构,类似海绵因而得名,同为未受压或者微弱受压的软土所具有。

为便于表述,文中统一以 H 截面代表水平截面,V 截面代表垂直截面,放大倍数照片统一放大 2 000 倍与 5 000 倍。

5.3.1 不同固结压力下软弱土的微观结构特征

本书对湿地湖泊相软土在不同固结压力下的软弱土微观结构 SEM 照片进行了分析,微观结构照片如图 5-4~图 5-14 所示。

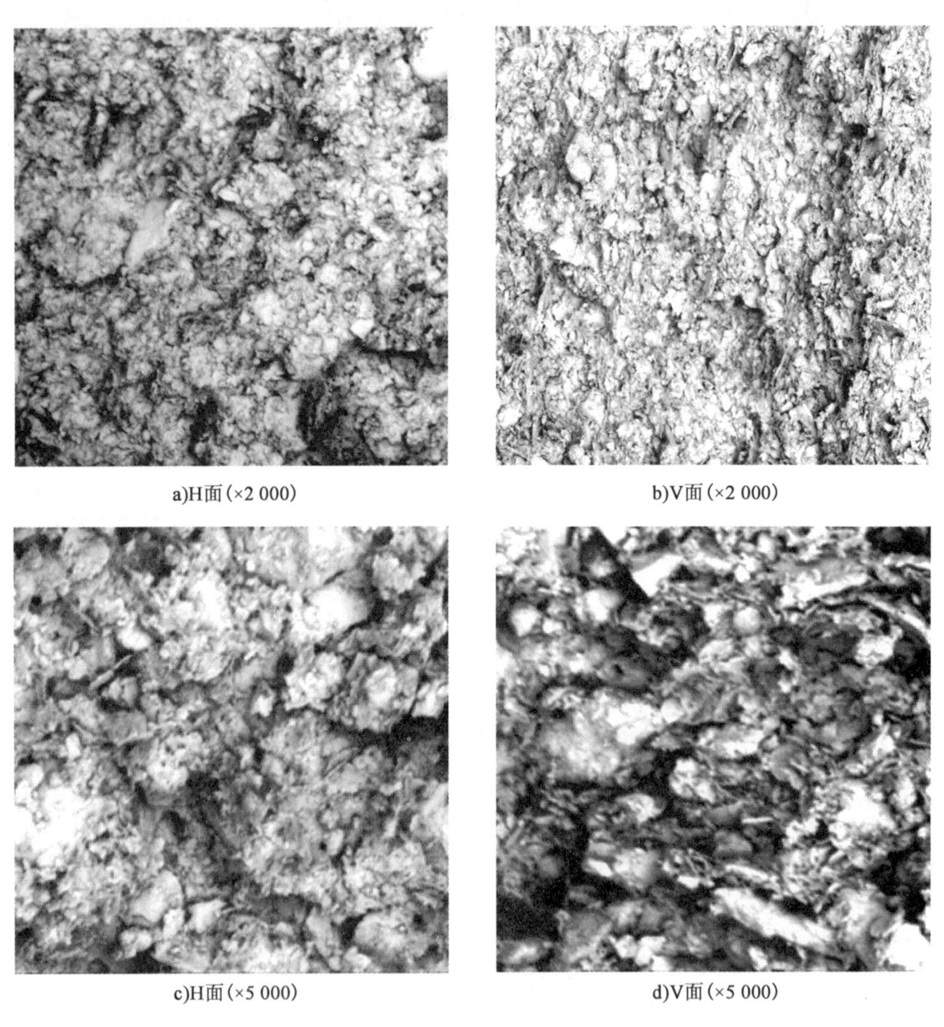

a)H面(×2 000)　b)V面(×2 000)

c)H面(×5 000)　d)V面(×5 000)

图 5-4　原状土(0kPa)

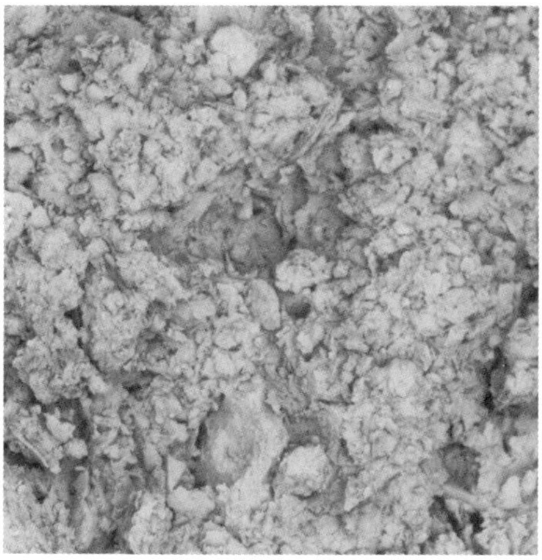

a)H面(×2 000)

b)V面(×2 000)

c)H面(×5 000)

d)V面(×5 000)

图 5-5　25kPa

a)H面(×2 000)

b)V面(×2 000)

图　5-6

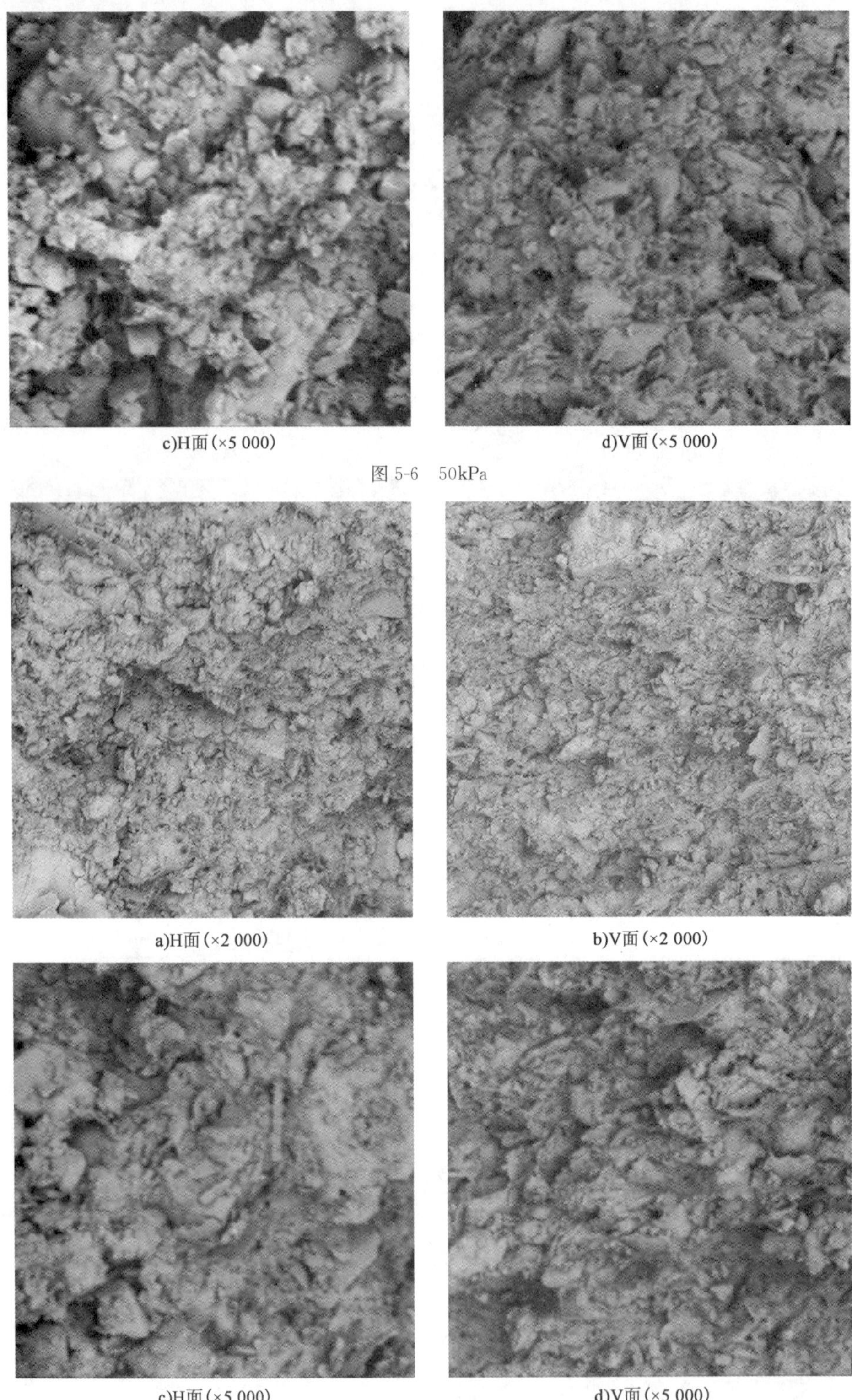

c)H面（×5 000） d)V面（×5 000）

图 5-6 50kPa

a)H面（×2 000） b)V面（×2 000）

c)H面（×5 000） d)V面（×5 000）

图 5-7 75kPa

a)H面(×2 000)

b)V面(×2 000)

c)H面(×5 000)

d)V面(×5 000)

图 5-8　100kPa

a)H面(×2 000)

b)V面(×2 000)

图　5-9

c)H面(×5 000)　d)V面(×5 000)

图 5-9　125kPa

a)H面(×2 000)　b)V面(×2 000)

c)H面(×5 000)　d)V面(×5 000)

图 5-10　150kPa

图 5-4 分别为原状土在无固结压力状态下水平截面与垂直截面的 SEM 图像，可以看出，原状土为叠片状结构，微结构单元呈无序排列，以边—面、面—面接触，排列不规则。由于颗粒之间的胶结力存在，造成土体内部具有较大的孔隙，且孔隙间较为连通，但孔隙的方向性呈无序性。

图 5-6～图 5-10 分别为施加小于结构的屈服应力的荷载(25kPa、50kPa、75kPa、100kPa、125kPa、150kPa)的水平截面与垂直截面的 SEM 图像。可以看出，土样的密实程度增加，大孔隙面积和数量减小，取而代之的是小孔隙的数量增多，原来的单个颗粒在各级压力的作用下，聚集成更大的团粒。结构单元体之间由以边—边、边—面为主的连接方式向以面—面为主的连接方式转变。

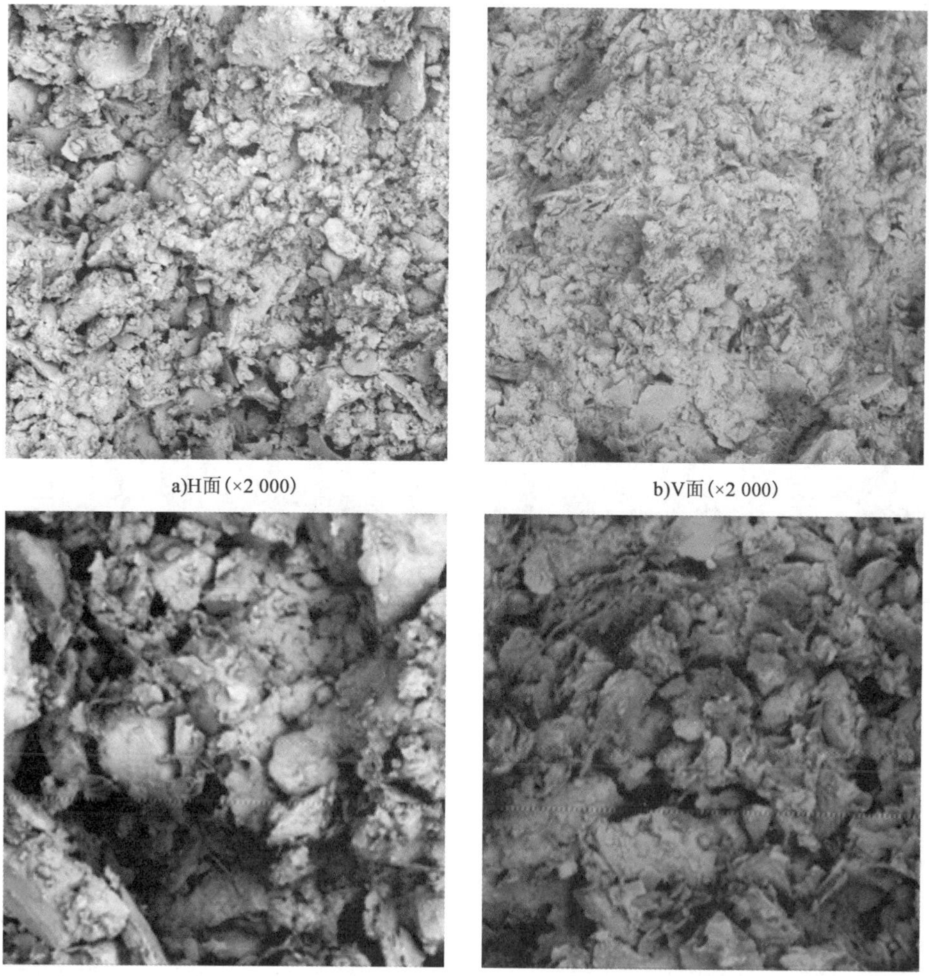

a)H面(×2 000)

b)V面(×2 000)

c)H面(×5 000)

d)V面(×5 000)

图 5-11　200kPa

图 5-11 为施加的荷载达到结构的屈服应力的(200kPa)的水平截面与垂直截面的 SEM 图像，可以看出，土体破坏，大孔隙已经很少，在上级荷载作用下形成的大的团颗粒破碎，变为单个的小颗粒，土体结构主要为以边—边、边—面为主的片状结构。

图 5-12～图 5-14 分别为施加大于结构屈服应力的荷载(400kPa、600kPa、800kPa)的水平截面与垂直截面的 SEM 图像。可以看出，土样的密实程度又开始逐渐增加，大孔隙面积和数

量减小，取而代之的是小孔隙的数量增多，原来的单个颗粒在各级压力的作用下，聚集成更大的团，结构单元体之间由以边—边、边—面为主的连接方式向以面—面为主的连接方式转变。

a)H面(×2 000)　b)V面(×2 000)

c)H面(×5 000)　d)V面(×5 000)

图 5-12　400kPa

a)H面(×2 000)　b)V面(×2 000)

图　5-13

c)H面(×5 000)

d)V面(×5 000)

图 5-13　600kPa

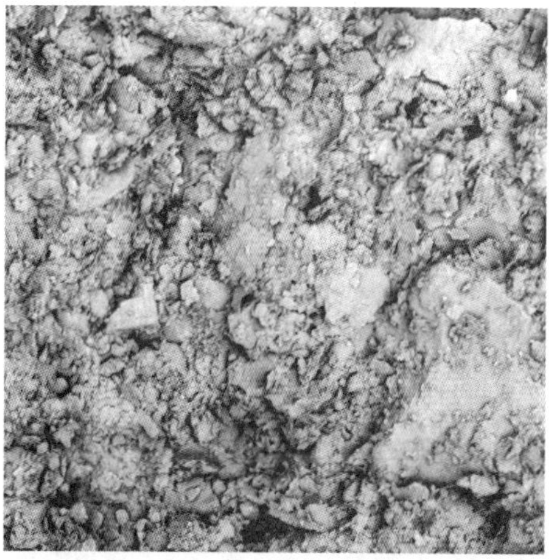

a)H面(×2 000)

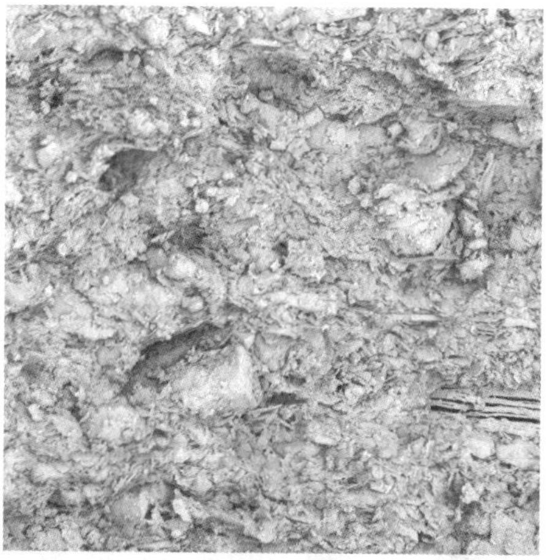

b)V面(×2 000)

c)H面(×5 000)

d)V面(×5 000)

图 5-14　800kPa

5.3.2 流变破坏后软弱土的微观结构特征

本文对不同围压下湿地湖泊相软土经过流变破坏后的微观结构 SEM 照片进行了分析，微观结构照片如图 5-15～图 5-18 所示。

a)H面(×2 000)　　b)V面(×2 000)

图 5-15　50kPa

a)H面(×2 000)　　b)V面(×2 000)

图 5-16　100kPa

图 5-15～图 5-18 分别为在不同围压荷载(50kPa、100kPa、150kPa、200kPa)下流变破坏后的水平截面与垂直截面的 SEM 图像，通过肉眼观察可以看出，经过流变作用后微观结构主要为团聚结构，面—面为主的接触形式，结构趋于均一化，土样的密实度增加，因而连接强度增大。大孔隙面积和数量减小，取而代之的是小孔隙的数量增多，同时排水条件下流变破坏后的土样颗粒的排列呈现一定的方向性。

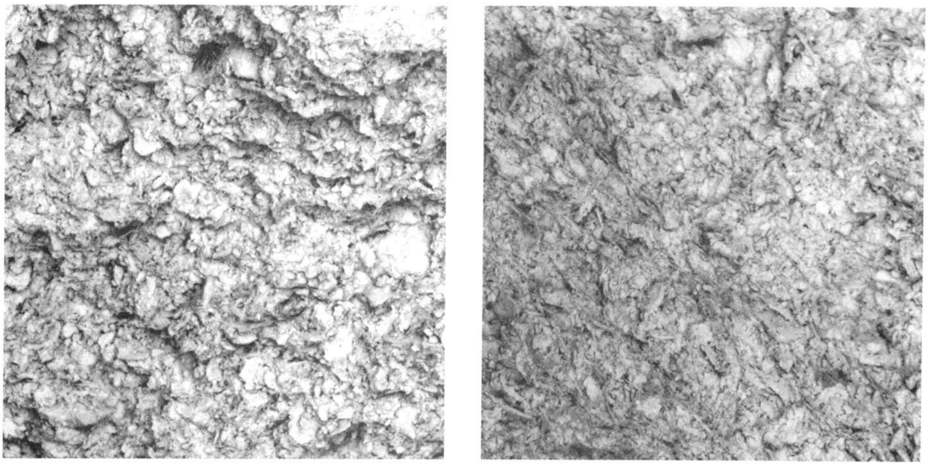

a)H面(×2 000)

b)V面(×2 000)

图 5-17　150kPa

a)H面(×2 000)

b)V面(×2 000)

图 5-18　200kPa

5.4　本章小结

本文主要对湿地湖泊相软土在不同应力路径下的微观结构进行了分析,并验证了该软弱土的微观结构的类型,得出以下结论:

(1)由不同固结压力下的软弱土的微观图像可知,整体结构上所有的软土 SEM 图像都呈叠片状结构。随着固结压力的增大,颗粒排列较为松散,以线面接触方式为主,孔隙的定向性不是很明显;当固结压力达到结构屈服应力后,结构发生破坏,颗粒排列转变为线面接触与面面接触方式,整体结构呈片状结构或叠片支架结构;当固结压力大于结构屈服应力时,新的结构已经形成,颗粒排列逐渐变得紧密颗粒变细,孔隙变小。

(2)由不同围压下经过流变破坏的软弱土的微观图像可知,软土微观结构主要为团聚结构,面—面为主的接触形式,结构趋于均一化,土样的密实度增加,连接强度增大。大孔隙面积和数量减小,取而代之的是小孔隙的数量增多,同时排水条件下流变破坏后的土样颗粒的排列呈现一定的方向性。

第 6 章　湿地湖泊相软土的微观结构参数

土体宏观表现出的各种变形及体积改变，从微观角度看是由土颗粒和孔隙的滑动、挠曲或者挤压所引起的，换言之微观结构决定土的力学性质。一般情况下，大孔隙较多的土体由于其高压缩性而处于不稳定状态，极易引起土体压缩变形从而导致上部建筑物的破坏。因此，对孔隙的研究具有十分重要的实际意义[107]。另一方面，土的颗粒形态是除了孔隙性以外对土的性状起重要作用的微结构表征参数，颗粒在被压碎、位移的过程中，颗粒的大小、位置及形状不断发生变化，反映到宏观行为上即表现出不同的变化特征。所以，我们选择孔隙和颗粒作为研究的对象，对邢衡高速沿线软弱土进行电镜扫描，选用统一放大 2 000 倍 SEM 照片，选择恰当孔隙和颗粒形态特征参数，利用 Matlab 语言作为图像处理工具，然后利用 Leica QWin5000 图像处理系统对孔隙和颗粒参数进行定量化统计，进而对孔隙和颗粒参数与荷载之间的关系进行分析研究。

6.1　微观结构参数的选定及其确定方法

6.1.1　SEM 照片图像处理

软弱土微结构的研究可通过利用 Matlab 语言对原始 SEM 照片进行检测、灰度处理、滤波、二值化等处理，借助 Leica QWin5000 图像处理系统，提取到孔隙和颗粒的域微结构参数及特征块微结构参数，处理分析过程简述如下。

(1)数字化图像

一幅连续图像是光强度(亮度)的函数，可用函数 $f(x,y)$ 表示，表明在坐标 (x,y) 处光强度为 $f(x,y)$[108]。为了用计算机进行处理，必须把连续图像离散化，即把连续图像 $f(x,y)$ 按等间隔采样，把 (x,y) 平面上划分成网眼似的小格，每个小格子上赋予整数值，称之为地址，用以标记小格子的位置，一个小格子叫作一个像素；接着在把每一个像素的值按要求的灰度进行量化，如 16 级、64 级、256 级等，用 l 表示，l 越大，图像的细节越丰富，我们从扫描电镜上获得的土的微结构图像是 256 级的[109]。经离散化的图像可用下式表示：

$$f(x,y)=\begin{bmatrix} f(0,0) & f(0,1) & \cdots & f(0,n-2) & f(0,n-1) \\ f(1,0) & f(1,1) & \cdots & f(1,n-2) & f(1,n-1) \\ \cdots & \cdots & \cdots & \cdots & \cdots \\ f(m-2,0) & f(m-2,1) & \cdots & f(m-2,n-2) & f(m-2,n-1) \\ f(m-1,0) & f(m-1,1) & \cdots & f(m-1,n-2) & f(m-1,n-1) \end{bmatrix}$$

$$n=\text{图像宽度},m=\text{图像高度},0\leqslant f(i,j)\leqslant l-1 \tag{6-1}$$

本课题所研究的土的图像是 1 024×1 024 个像素所构成的 256 级灰度图像，其灰度值在[0,256]范围变化。

(2)图像处理

作为土体微结构量化分析的第一步，必须对由扫描电镜获得的土体微结构图像进行分析处理，如灰度变换、滤波、规定化、二值化等，其目的是强化图像的主要特征，忽略次要干扰，使图像在反映土体基本特征的前提下更加整洁、清晰。具体处理方法如下。

1)灰度变换：二值化之前需要对图像的灰度检测域进行调整，尽可能使颗粒和孔隙在检测域中均匀分布，使得处理后的提取值具有代表性和普遍性。

2)魏纳滤波

魏纳(Wiener)滤波是一种最基本而常用的现代滤波方法，本文采用了二维滤波来去除噪声，魏纳滤波器以最小化均方误差作为最优准则。这是因为对误差进行平方运算将使得大误差的分量远远大于小误差分量，选择最小化均方误差就可以限制滤波器输出的主要误差。也可以使用其他的最优准则进行分析(如平均误差等)，但是这些准则将使得分析过程变得较为复杂，而且效果不好。

3)直方图规定化

直方图规定化校正在运用均衡化原理的基础上，向人们提供了根据给定直方图作图像增强的手段。直方图规定化就是把直方图均衡化结果映射到设想的理想直方图上，使图像按人的意愿去变换，达到人们所期望的图像。

4)图像分析

在提起浓淡图像的各种几何特征之前，我们必须通过阈值处理、边缘检出或区域分割来区分出背景和对象物[110]，在这里就是区分出土的颗粒和孔隙。由于土的微观图像非常复杂，边缘检出和区域分割的效果都不太好，所以我们通过取一定的阈值对图像进行二值化，以区分出颗粒和空隙。

①图像二值化

只有两个灰度级的图像称为二值图像[111]。图像二值化的原理即：设定某一阈值 T，用 0 和 1 分别表示小于 T 的像素群和大于 T 的像素群，通过这一设定人为将图像分为两个灰度级，其中一个灰度级表示背景，另一个表示分析对象。例如输入图像 $f(x,y)$，输出图像 $f'(x,y)$，则：

$$f'(x,y)=\begin{cases}1 & f(x,y)\geqslant T\\ 0 & f(x,y)<T\end{cases} \tag{6-2}$$

这里重点强调一下阈值的选择，前人的研究已经明确阈值大小对于土的孔隙和颗粒形态参数的提取有直接影响，如何选择阈值使得土中孔隙和颗粒能够很好区分开并被分别统计会直接影响结果的真实性。在这里我们采用了最大平方自动取阈法，这是比较新而且很实用的方法，采用最大方差自动取阈法往往能得到较为满意的结果。以最大方差确定阈值不需要人为设定其他参数，是一种自动选择阈值的方法，它不仅适用于两个区域的单阈值选择，也可扩展到多区域的多阈值选择中去。

对输入图像(采用放大倍数为 2 000 倍的图像)进行二值化处理后，如图 6-1～图 6-11 所示，土样微观结构图中黑色为孔隙，白色为颗粒，此二值化图像即可用于计算微结构参数及在后面内容介绍的平面分维。

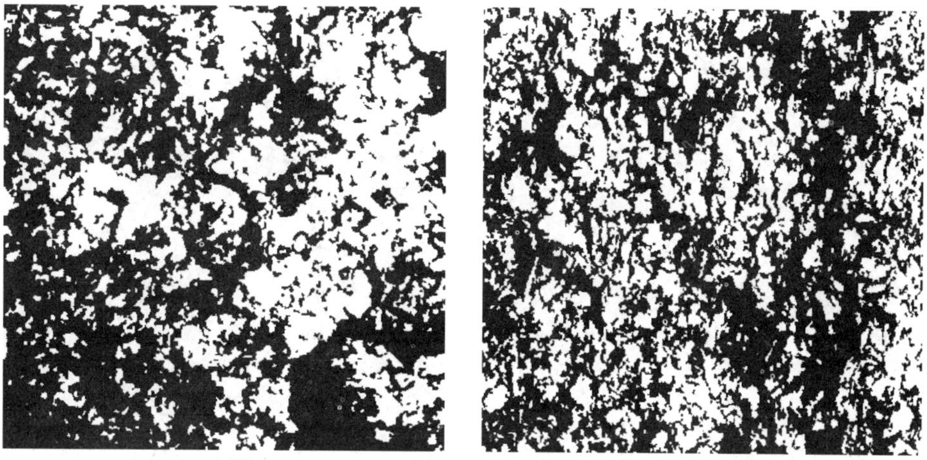

a)H面

b)V面

图 6-1　原状样的二值化图像

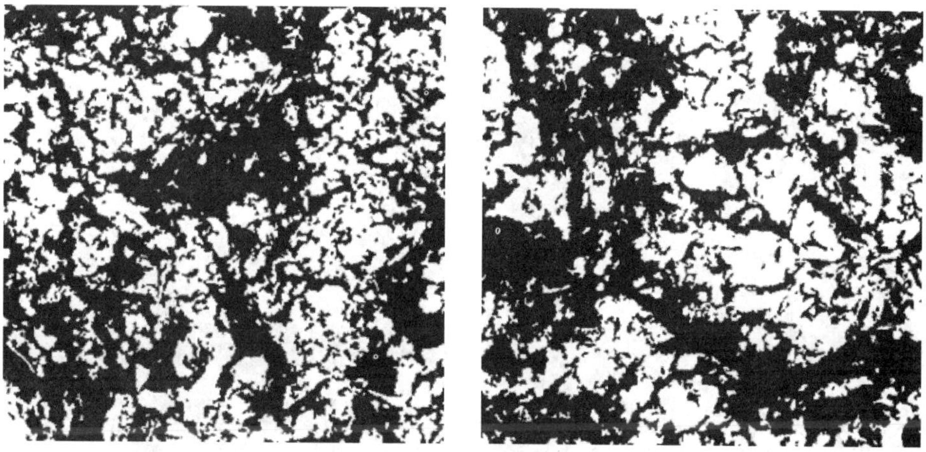

a)H面

b)V面

图 6-2　25kPa 二值化图像

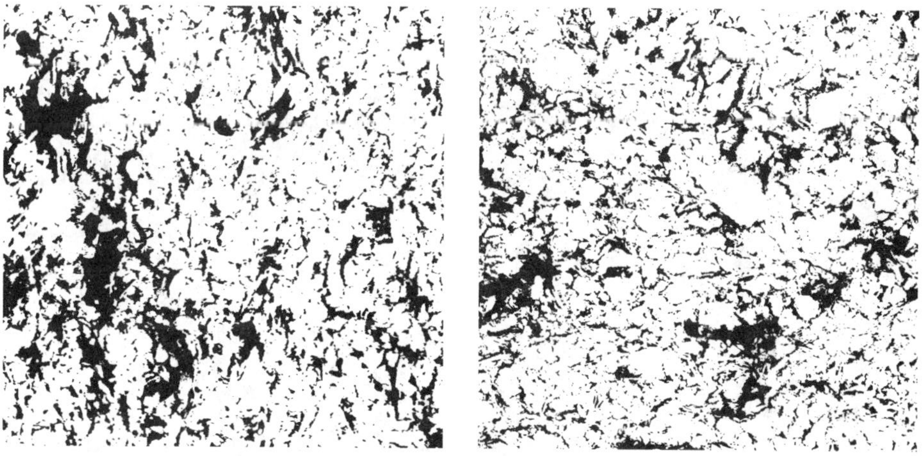

a)H面

b)V面

图 6-3　50kPa 二值化图像

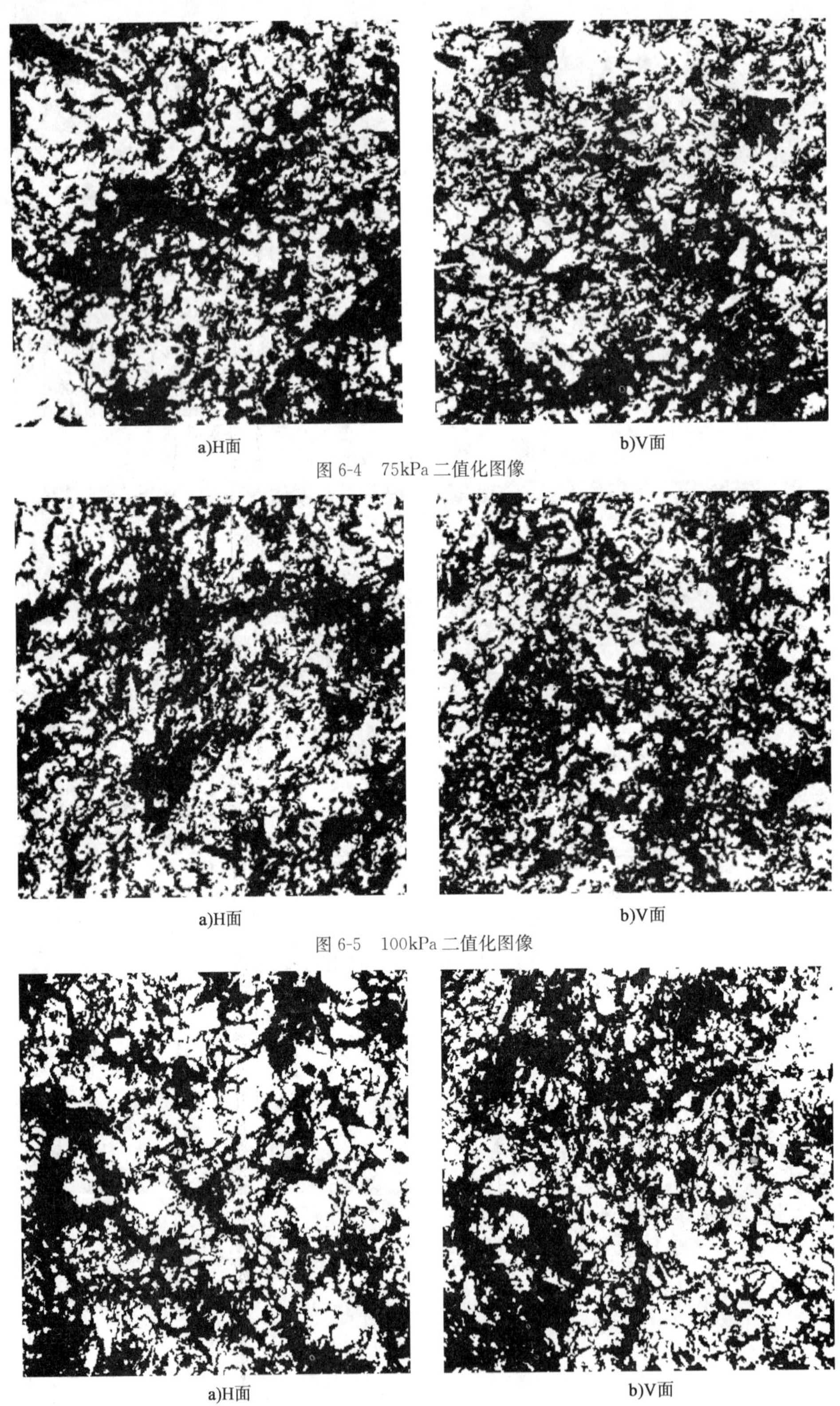

a)H面　　b)V面

图 6-4　75kPa 二值化图像

a)H面　　b)V面

图 6-5　100kPa 二值化图像

a)H面　　b)V面

图 6-6　125kPa 二值化图像

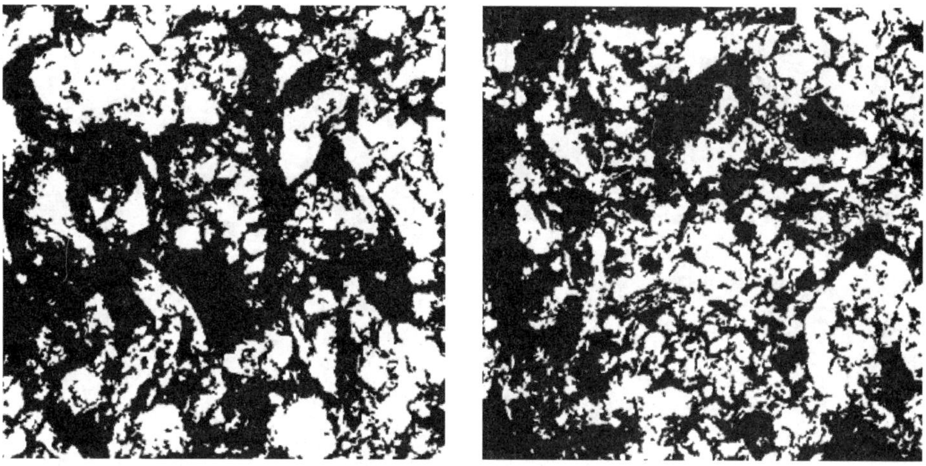

a)H面

b)V面

图 6-7　150kPa 二值化图像

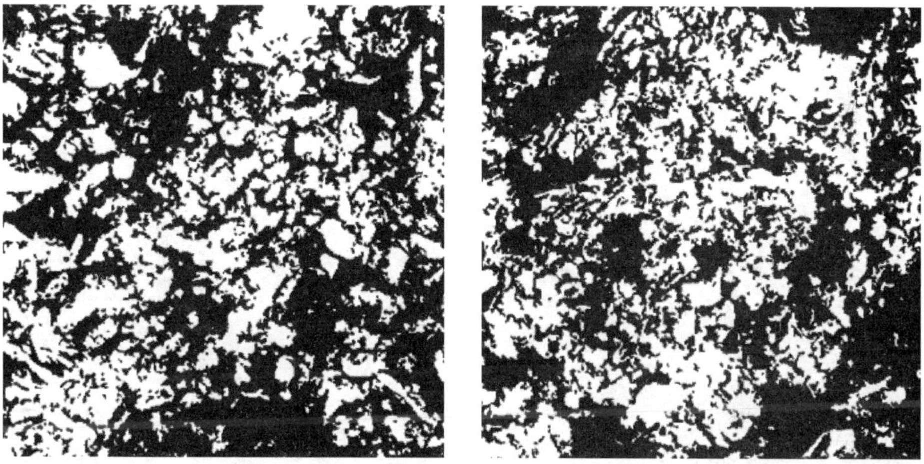

a)H面

b)V面

图 6-8　200kPa 二值化图像

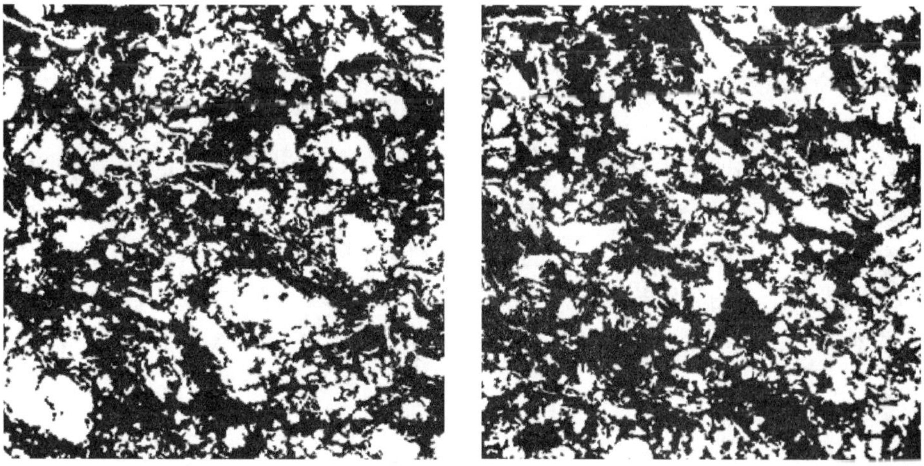

a)H面

b)V面

图 6-9　400kPa 二值化图像

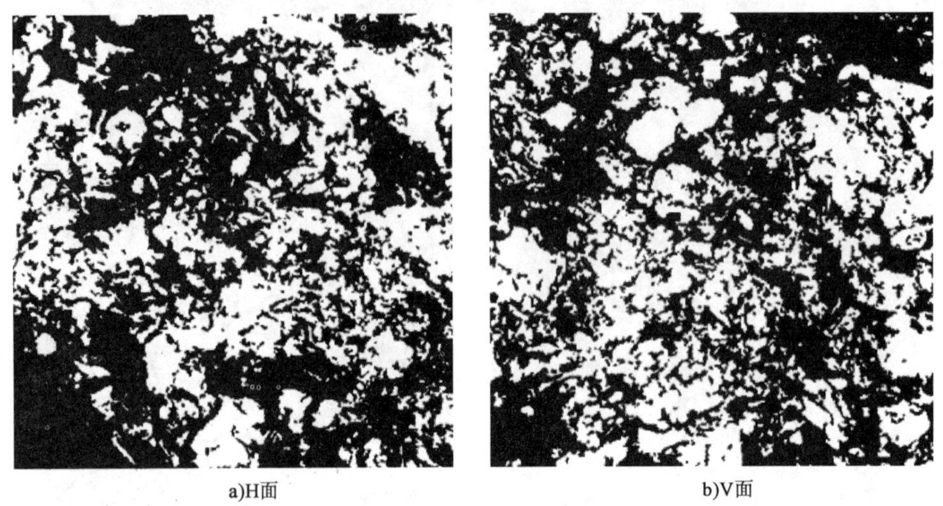

图 6-10 600kPa 二值化图像

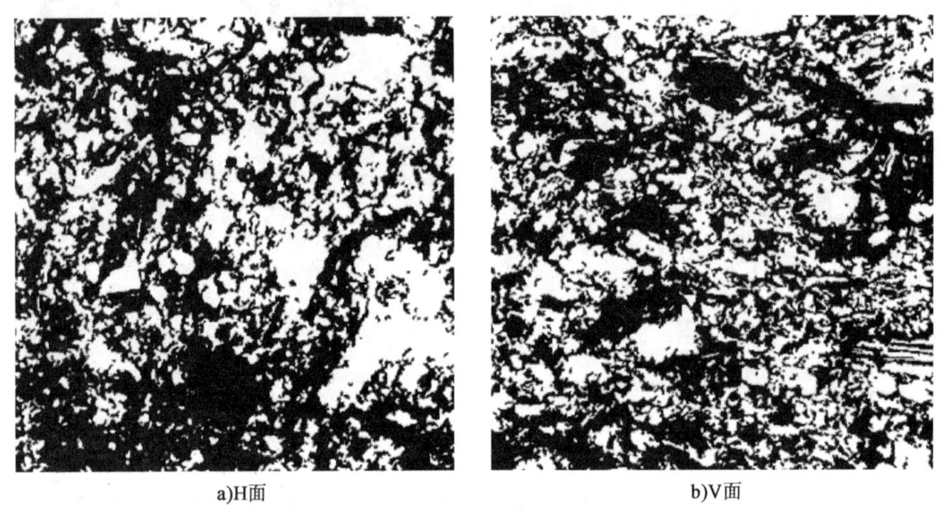

图 6-11 800kPa 二值化图像

②去噪

在灰度连续变化的图像中，如果出现了与相邻像素的灰度相差很大的点，比如说一片暗区中突然出现了一个亮点，这种情况被认为是一种噪声。灰度突变在频域中代表了一种高频分量，低通滤波器的作用就是滤掉高频分量，从而达到减少图像噪声的目的。将原图中的每 1 点的灰度和它周围 8 个点的灰度相加，然后除以 9，作为新图中对应点的灰度这一操作，我们采用如下的表示方法：

$$\frac{1}{9}\begin{bmatrix} 1 & 1 & 1 \\ 1 & 1 & 1 \\ 1 & 1 & 1 \end{bmatrix}$$

这种表示方法有点像矩阵，我们称其为平滑模板(TemPlate)。平滑模板的思想是通过将

1点和周围8个点作平均，从而去除突然变化的点，滤掉噪声，这一对灰度图像的处理同样可以应用于二值图像去噪声。

6.1.2　微结构定量参数的获取

土孔隙和颗粒的形态通过观测SEM照片发现，不同应力路径下的软弱土，孔隙和颗粒形态差别很大。为了更有效地获得本文所研究地软土孔隙和颗粒的形态参数，利用参数统计数据对软弱土性质进行分析，第一步就要提取到SEM照片的有效信息。针对原始照片的复杂情况，需要在提取数据之前对原始照片进行修正和处理，采用割补图像的方法利用规则的几何图形代替复杂的孔隙和颗粒的形态，然后对简化图形进行参数提取。

前边已经提到，Leica QWin5000 图像处理系统可以提取到域微结构参数和特征微结构参数两类参数，其中域微结构参数是整个检测框圈定的检测域内的全部微结构参数，原始参数和导出参数各6个，共计12个；而特征微结构参数是指检测域内经修正后每个颗粒或者孔隙的微结构参数，共计30余个。需要注意的是，为确保数据的可比性，检测域位置和大小尽量固定。由前人研究结果显示，微结构参数存在信息重复现象，可以用较少主成分反映全部微结构参数的主要分析。换言之，我们不需要分析所有的提取参数，而只需要对其中能反映土体显著特征的参数进行分析，也可以获得同样的效果。一般来说，反映微观结构特征最直接的参数即孔隙和颗粒的粒径组成、数量、面积、周长等数据，本文选择了等效直径、面积比、形态比及充填比等4个参数代表孔隙的大小和形态，选择了等效直径、数量、形态比和圆度等4个参数代表颗粒的大小和形态，通过对上述参数的对比分析，反映邢衡高速软弱土微观结构变化，联系某些宏观力学行为解释变化原因。

(1)微观孔隙的大小和形态特征参数

①Equiv Diam(等效直径)：D 为与孔隙面积相等的等效圆的直径。该参数为导出参数，但能更好地说明孔隙由于受到压缩、剪切等外界作用力而发生的变化，通过土的微结构性质进而揭示宏观变化原因。

$$D = 2\sqrt{\frac{A}{\pi}} \tag{6-3}$$

式中：A 为孔隙的实际面积。

②Area Fraction (面积比)：所测孔隙面积占总图像面积的百分比，也称平面孔隙率。该参数为导出参数，通过面积比可以说明孔隙的变化趋势，进而揭示土体压缩破坏的微观机理。

$$\text{Area Fraction} = \frac{A}{A_1} \tag{6-4}$$

式中：A_1 为颗粒与孔隙的总面积。

③Aspect Ratio(形态比)：孔隙的长轴与短轴之比，其值越大说明孔隙越趋于长条状，该参数为导出参数。形态比能够直观反映孔隙的延长特性，但是光凭形态比无法得到孔隙的具体形状，因为孔隙的形态轮廓具有凸凹性，即使两处孔隙具有相同的 L 和 B，如果凸凹面不一致，同样表现出不一样的形态。

$$\text{Aspect Ratio} = \frac{L}{B} \tag{6-5}$$

式中:L、B 分别为孔隙的长轴和短轴的长度。

④Full Ratio(充填比):指实测孔隙面积与其外接圆面积比的平方根。根据前边形态比定义,我们知道仅用形态比无法反映孔隙的具体形态。为了能够更好地描述孔隙形态的全貌特征,我们引入了充填比这个概念。孔隙的形状参数一般包括孔隙周长、凹凸性及面积三个要素。从几何分析可知,在所有具有相同周长的平面图形中,圆形面积最大;而在所有具有等同面积的平面图形中,圆形周长最小。我们可以借用圆形的这个特点,又因为周长是 6 个直接参数之一,是反映孔隙形状参数的要素之一,同时图形凹凸性也反映了充填能力。引入面积要素,定义充填比如下:

$$\text{Full Ratio} = \sqrt{\frac{A}{A'}} = \frac{2\sqrt{\pi A}}{P'} \tag{6-6}$$

式中:A 为孔隙的外接圆面积;P 为孔隙的外接圆周长。

充填比取值范围一般在[0,1],越接近于 1 说明孔隙趋于圆形。

(2)微观颗粒的大小和形态特征参数

①Equiv Diam(等效直径):D 为与颗粒面积相等的等效圆的直径。该参数为导出参数,能更好地说明颗粒由于受到外力作用而发生的变化,通过土的微结构性质进而揭示宏观变化原因。

$$D = 2\sqrt{\frac{A}{\pi}} \tag{6-7}$$

式中:A 为颗粒的实际面积。

②Count(数量);从另外一个侧面反映了颗粒的分布以及相互之间的关系,该参数为直接参数之一。颗粒数量的变化其实也就是颗粒被挤压破碎或者大小颗粒被重新结合的过程,该参数可以作为我们评估微观变化的参照,从而说明宏观力学行为的微观机理。

③Aspect Ratio(形态比):颗粒的长轴与短轴之比,其值越大说明颗粒越趋于长条状、板状,该参数为导出参数。形态比能够直观反映颗粒的延长特性。

$$\text{Aspect Ratio} = \frac{L}{B} \tag{6-8}$$

式中:L、B 分别为颗粒的长轴和短轴的长度。

④Roundness(圆度):这是一个描述颗粒形状的参数,为导出参数。类似于反映孔隙的充填比,圆度从周长、面积两方面出发,更好地描述颗粒形态的全貌特征,定义圆度如下:

$$\text{Roundess} = \frac{\text{周长} \times \text{周长}}{4 \times \pi \times 1.064} \tag{6-9}$$

式中:1.064 为一校正系数。

圆度的值越大,颗粒形状越不规则,圆度值越趋近于 1,颗粒形状越趋近于圆形。

6.2 微观结构定量分析

6.2.1 微观结构参数与固结压力之间的关系

对取自工程现场在 0kPa、25kPa、50kPa、75kPa、100kPa、125kPa、150kPa、200kPa、

400kPa、600kPa、800kPa 围压下的软弱土试样进行了微观结构测试，样品测试平面统一为垂直截面及水平截面，图中以 V 代表湿地湖泊相软土的垂直截面，以 H 代表水平截面。

6.2.1.1 不同固结压力下的孔隙孔径分布

根据图像处理的结果，将湿地湖泊相软土在不同深度处垂直截面与水平截面孔隙孔径按照测量的孔径范围划分为小于 1μm、1～2μm、2～5μm、5～10μm、大于 10μm 5 个档次，其孔隙孔径分布百分比如表 6-1 所示。

湿地湖泊相软土不同固结压力下 H 截面与 V 截面孔隙孔径分布统计表 表 6-1

围压/kPa	类型	孔径/μm,孔径分布(%)				
		小于 1μm	1～2μm	2～5μm	5～10μm	大于 10μm
0	水平截面	42.35	27.68	22.61	4.44	2.92
	垂直截面	36.64	29.42	21.68	7.02	5.24
25	水平截面	46.59	26.69	21.55	3.12	2.05
	垂直截面	41.53	27.62	20.06	6.21	4.58
50	水平截面	52.79	25.41	18.56	2.05	1.19
	垂直截面	45.36	27.69	17.75	4.76	2.86
75	水平截面	58.40	23.27	16.75	1.17	0.41
	垂直截面	56.31	24.58	14.64	3.44	1.03
100	水平截面	67.92	18.93	13.52	0.23	0.11
	垂直截面	68.35	17.83	11.67	1.80	0.35
125	水平截面	72.30	16.87	10.83	0	0
	垂直截面	75.41	15.51	8.61	0.47	0
150	水平截面	79.54	13.11	7.35	0	0
	垂直截面	81.56	12.86	5.58	0	0
200	水平截面	61.42	21.08	10.11	5.29	2.10
	垂直截面	58.72	27.52	9.20	2.91	1.65
400	水平截面	69.01	18.69	7.43	2.79	0.08
	垂直截面	71.19	21.02	6.88	0.86	0.05
600	水平截面	79.43	15.46	5.11	0	0
	垂直截面	83.39	13.31	3.30	0	0
800	水平截面	82.10	13.23	4.67	0	0
	垂直截面	85.09	12.69	2.22	0	0

由表 6-1 可以看出，在固结压力 $P<150$kPa 时，土样水平截面与垂直截面的孔隙小于 5μm 的孔径组中占较大比重，土中孔隙组成的变化很小；随着固结压力的增大，小于 1μm 的孔径所占的比重逐渐增多，几个相对较大的孔径组所占的比例逐渐减小，说明土体在压缩的过程中，小孔径的孔隙被压缩；当 150kPa$<P<$200kPa 时，固结压力达到了结构的屈服应力，小于 1μm 的孔径所占的比重突然减少，其他孔径所占比例有所增加，说明此时结构破坏，又有较大

的孔隙产生；当 $P>200$kPa 时，随着固结压力的增加，小于 1μm 的孔径所占的比重又逐渐增加，几个相对较大的孔径组所占的比例逐渐减小，说明新的结构已经形成，土体开始又被压缩。

6.2.1.2 不同压力下的孔隙微结构定量参数

根据图像处理结果，得出湿地湖泊相软土在不同压力下孔隙的水平截面和垂直截面的平均等效直径、平面孔隙率、形态比、充填比等微结构定量参数，如表 6-2 所示。

湿地湖泊相软土不同压力下水平截面与垂直截面上孔隙的微观参数统计表 表 6-2

压力(kPa)	研究对象	Area Fraction 平面孔隙率	Equiv Diam 等效直径(μm)	AspectRatio 形态比	FullRation 充填比
0	水平截面	0.428	0.693	1.507	0.716
	垂直截面	0.419	0.668	1.490	0.725
25	水平截面	0.415	0.682	1.540	0.704
	垂直截面	0.407	0.650	1.548	0.707
50	水平截面	0.390	0.660	1.556	0.693
	垂直截面	0.380	0.624	1.572	0.693
75	水平截面	0.375	0.629	1.576	0.686
	垂直截面	0.357	0.606	1.60	0.681
100	水平截面	0.354	0.610	1.605	0.677
	垂直截面	0.323	0.584	1.632	0.668
125	水平截面	0.335	0.605	1.620	0.670
	垂直截面	0.293	0.566	1.654	0.657
150	水平截面	0.311	0.577	1.631	0.662
	垂直截面	0.253	0.522	1.677	0.642
200	水平截面	0.345	0.640	1.591	0.676
	垂直截面	0.326	0.628	1.609	0.670
400	水平截面	0.296	0.580	1.611	0.657
	垂直截面	0.252	0.533	1.667	0.639
600	水平截面	0.262	0.537	1.638	0.643
	垂直截面	0.189	0.467	1.704	0.614
800	水平截面	0.226	0.489	1.667	0.623
	垂直截面	0.137	0.405	1.721	0.598

(1)平面孔隙率

从图 6-12 平面孔隙率与固结压力的关系曲线可以看出，当轴向应力 $P<150$kPa 时，在垂

直与水平两个截面上的平面孔隙率随着轴向应力的增大而减小，当轴向应力 150kPa＜P＜200kPa 时，平面孔隙率随着轴向应力的增大而逐渐增加，P＞200kPa 时，平面孔隙率随着轴向应力的增大而逐渐减小。原因在于，当轴向应力 P＜150kPa 时，该处软弱土压缩过程是气体压缩和水分在孔隙中重新分布的过程，孔隙中的细小微粒发生位移，并逐渐附着于较大的团粒上。当轴向应力 150kPa＜P＜200kPa 时，颗粒或团粒之间发生相对滑移，土体的整体结构从完整、颗粒的滑移导致部分孔隙被分割的状态逐渐转变为团粒发生位移、破碎并重新分布的状态。在这个过程中，部分孔隙被分割，所以孔隙面积增多，从而平面孔隙率增加。当轴向应力 P＞200kPa 时，该软弱土新的结构已经开始形成，进入下一个结构强度形成阶段，孔隙中的细小微粒发生位移，并逐渐附着于较大的团粒上，所以孔隙面积减小，进而平面孔隙率缓慢减小。不过孔隙变化总体趋势还是减小的，反映到宏观上即表现为软土颗粒之间趋于紧密，土体密实度增加。

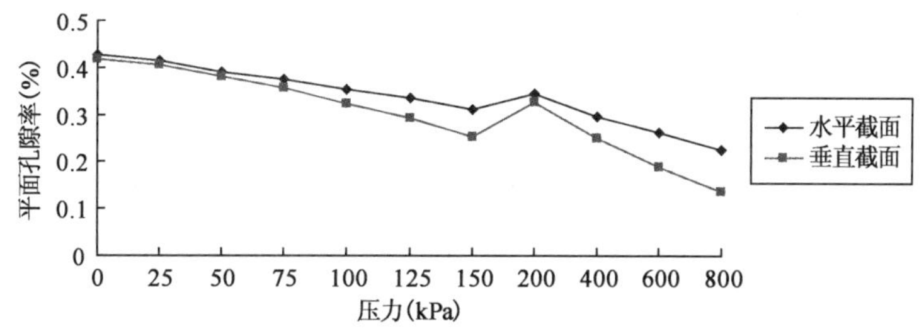

图 6-12　平面孔隙率与固结压力的关系

(2)等效直径

等效直径是反映土孔隙大小特征的重要参数。从图 6-13 等效直径与固结压力的关系曲线中可以看出，孔隙在垂直截面和水平截面的等效直径均呈现随压力先减小后增大再减小的规律，总体上孔隙等效直径呈现随轴向压力的增大而减小，类似于孔隙平面孔隙率的变化。这是因为随着压力的增加，固结时间越长，土颗粒之间不断被挤压聚集，孔隙空间被压缩。当轴向应力 P＞150 kPa 时，孔隙等效直径明显的增大；当轴向应力 P＞200kPa 时，孔隙等效直径又随轴向应力的增大而减小。原因在于，当 P＞150kPa 时，荷载已经超过了该软弱土的结构屈服应力，该土的结构开始发生破坏，部分团粒发生破碎，从而造成孔隙等效直径的增大。而当 P＞200kPa 时，新的结构已经形成，增大轴向应力，使该土样继续固结压缩，等效直径有增大的趋势。

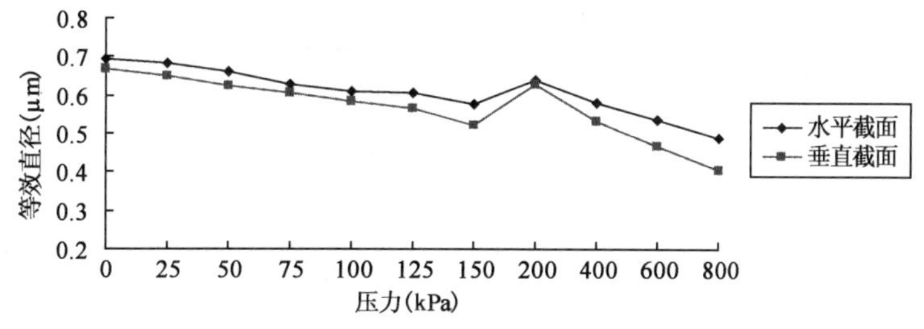

图 6-13　等效直径与固结压力的关系

(3)形态比

在微结构研究中，形态比主要用来表征孔隙的形态。形态比越大，孔隙越趋近于长条形；

形态比趋近于1,孔隙越趋近于正方形或圆形。图6-14为不同轴向应力下孔隙形态比与荷载关系曲线。从图中可以看出,在垂直截面与水平截面上孔隙的形态比为1.49~1.721,说明湿地湖泊相软土孔隙以非等轴形为主。水平截面和垂直截面上的孔隙的形态比随着轴向压力的增大呈现出先增大后减小再增大的趋势,且垂直截面上孔隙的形态比比水平截面上的孔隙形态比较明显。当$P \leqslant 150$kPa时,形态比随应力增大而增大。这说明在加压初期,由于结构强度的存在,土中各孔径组的孔隙变化较小;而当$P > 200$kPa时,形态比随应力增大而减小。原因在于当轴向应力大于150kPa时,荷载应力接近该土的结构屈服应力,随着应力的增大,部分颗粒发生滑移,孔隙被分割,从而导致孔隙的长度减小,进而形态比减小;当轴向应力大于200kPa时,应力已经超过了该土的结构屈服应力,土体结构破坏,大孔隙已经很少,颗粒位置的初期调整已经结束,新的结构开始形成,在轴向应力的作用下,孔隙的形状也就越来越不规则,有逐渐被拉长、延伸的趋势。

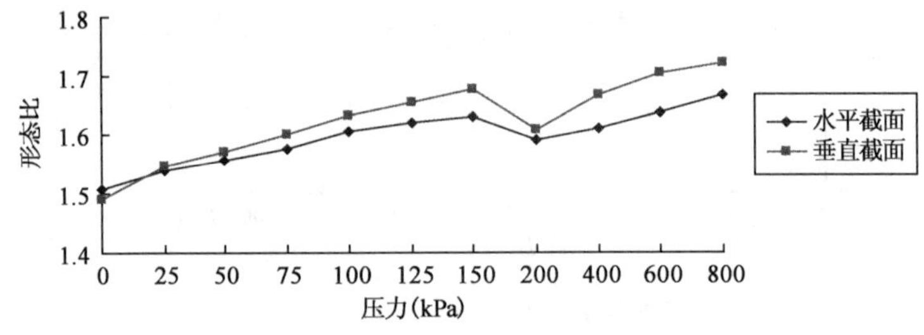

图6-14　形态比与固结压力的关系

(4)充填比

从图6-15中可以看出,湿地湖泊相软土在垂直截面与水平截面上的充填比为0.598~0.725,说明孔隙以非等轴形为主,随着轴向应力的增大,两截面上孔隙的充填比均呈现出先减小后增大再减小的趋势。垂直截面与水平截面上的孔隙趋于长条形,这种变化的过程和趋势与形态比随压力的变化规律相一致。

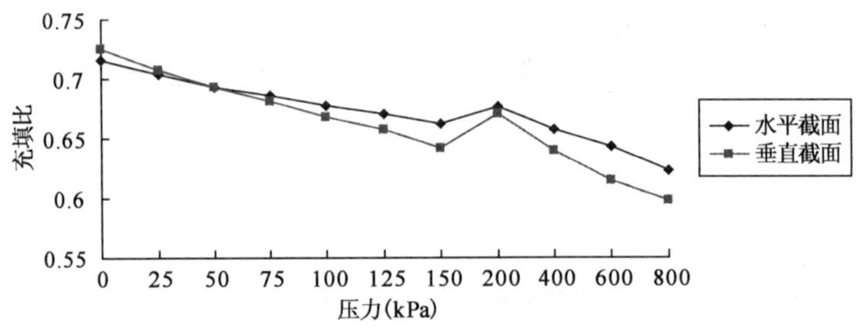

图6-15　充填比与固结压力的关系

通过对孔隙形态比和充填比的讨论,说明湿地湖泊相软土的孔隙均以非等轴为主,孔隙形状表现为由于受到挤压而逐渐被拉长。

6.2.1.3　不同压力下的颗粒微结构定量参数

根据图像处理结果,得到湿地湖泊相软土颗粒水平截面和垂直截面的平均等效直径、数量、形态比和圆度等微结构定量参数,如表6-3所示。

不同压力下水平截面 H 与垂直截面 V 上颗粒的微观参数统计表 表 6-3

压力(kPa)	研究对象	Equiv Diam 等效直径(μm)	Count 数量(个)	Aspect Ratio 形态比	Roundness 圆度
0	水平截面	0.411	2 097	1.431	1.452
	垂直截面	0.392	2 240	1.415	1.418
25	水平截面	0.432	1 980	1.452	1.455
	垂直截面	0.418	2 140	1.441	1.431
50	水平截面	0.437	1 940	1.463	1.472
	垂直截面	0.433	2 050	1.471	1.46
75	水平截面	0.452	1 830	1.488	1.497
	垂直截面	0.461	1 920	1.495	1.51
100	水平截面	0.467	1 720	1.515	1.52
	垂直截面	0.482	1 760	1.529	1.538
125	水平截面	0.489	1 630	1.538	1.553
	垂直截面	0.512	1 650	1.56	1.584
150	水平截面	0.495	1 530	1.55	1.577
	垂直截面	0.53	1 470	1.584	1.626
200	水平截面	0.463	1 680	1.495	1.532
	垂直截面	0.476	1 820	1.498	1.507
400	水平截面	0.49	1 520	1.547	1.553
	垂直截面	0.514	1 550	1.562	1.577
600	水平截面	0.514	1 300	1.565	1.577
	垂直截面	0.553	1 260	1.602	1.657
800	水平截面	0.532	1 180	1.603	1.621
	垂直截面	0.594	1 040	1.661	1.727

(1)等效直径

从图 6-16 颗粒的等效直径与固结压力的关系曲线中可以看出，当轴向应力 $P<150$kPa 时，在垂直与水平两个截面上的平面孔隙率随着轴向应力的增大而增大，当轴向应力 150kPa$<P<$200kPa 时，平面孔隙率随着轴向应力的增大而急剧减小，$P>150$kPa 时，平面孔隙率随着轴向应力的增大而逐渐增大。原因在于，当轴向应力 $P<150$kPa 时，该处软弱土的压缩过程是孔隙中的细小微粒发生位移，并逐渐附着于较大的团粒上，从而颗粒的等效直径随着轴向应力的增大而增大；当轴向应力 150kPa$<P<$200kPa 时，达到该土的结构屈服应力，颗粒或团粒之间发生相对滑移，颗粒被压碎，从而颗粒的等效直径减小；当轴向应力 $P>200$kPa 时，该软弱土新的结构已经开始形成，进入下一个结构强度形成阶段，细小颗粒向大颗粒(团粒)逐渐集结重聚，所以颗粒的等效直径又逐渐增大。

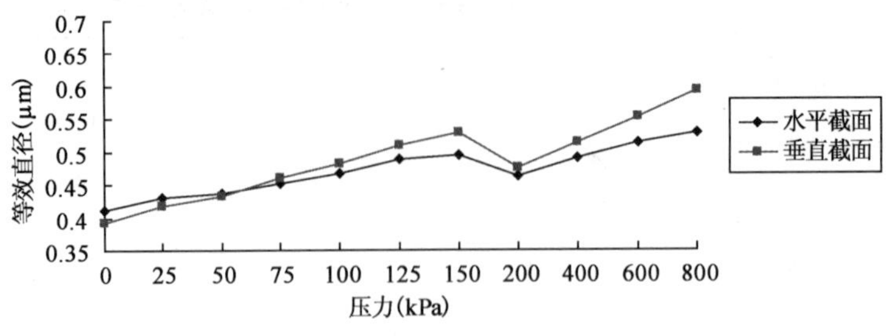

图 6-16 等效直径与固结压力的关系

(2)数量

从图 6-17 颗粒的数量与固结压力关系曲线中可以看出,随着轴向应力的增大,水平截面和垂直截面上的颗粒的数量呈现出先减小后增大再减小的趋势。原因在于,当轴向应力 $P<150$kPa 时,该处软弱土压缩过程是孔隙中的细小微粒发生位移,并逐渐附着于较大的团粒上,颗粒的直径逐渐增大,从而颗粒的数量随着轴向应力的增大而减小;当轴向应力 $150\text{kPa}<P<200$kPa 时,达到该土的结构屈服应力,颗粒被压碎,颗粒或团粒之间发生相对滑移,颗粒的直径减小,从而颗粒的数量增大;当轴向应力 $P>200$kPa 时,该软弱土新的结构已经开始形成,进入下一个结构强度形成阶段,细小颗粒向大颗粒(团粒)逐渐集结重聚,所以颗粒的数量又逐渐减小。宏观表现为土体密实度增加。

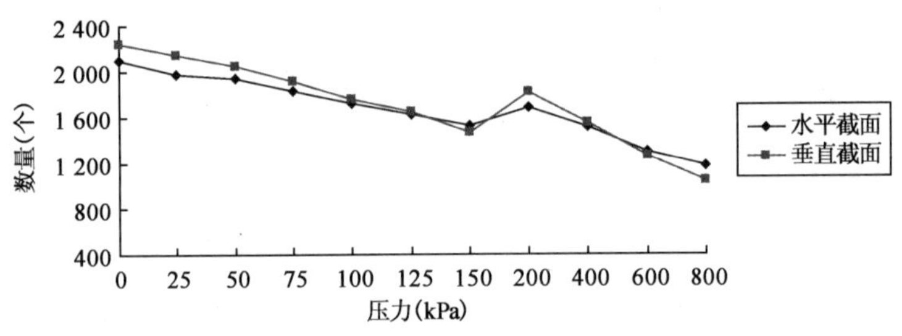

图 6-17 颗粒数量与固结压力的关系

(3)形态比

从图 6-18 形态比与固结压力的关系曲线中可以看出,在垂直截面与水平截面上孔隙的形态比为 1.415~1.66,说明该软弱土颗粒以非等轴形为主。水平截面和垂直截面上的颗粒的形态比随着轴向压力的增大呈现出先增大后减小再增大的趋势,且垂直截面上孔隙的形态比比水平截面上的孔隙形态变化更为明显,当 $P\leqslant150$kPa 时,形态比随应力增大而增大;这说明在小压力作用下,颗粒发生滑移,细小颗粒向大颗粒(团粒)逐渐集结重聚,颗粒的长度变大,从而形态比增大;而当 $P>150$kPa 时,形态比随应力增大而减小。原因在于当轴向应力大于 150kPa 时,应力接近该土的结构屈服应力,随着应力的增大,部分颗粒发生滑移,颗粒被压碎,从而导致颗粒的长度减小,进而形态比减小;当轴向应力大于 200kPa 时,应力已经超过了该土的结构屈服应力,土结构破坏,新的结构开始形成,在轴向应力的作用下,颗粒的形状也就越来越不规则,有逐渐被拉长、延伸的趋势。总的来说,随轴向应力的增加,孔隙被重新分割,部分颗粒发生滑移,颗粒被分割后有趋于不规则的趋势,形态比逐渐增加。

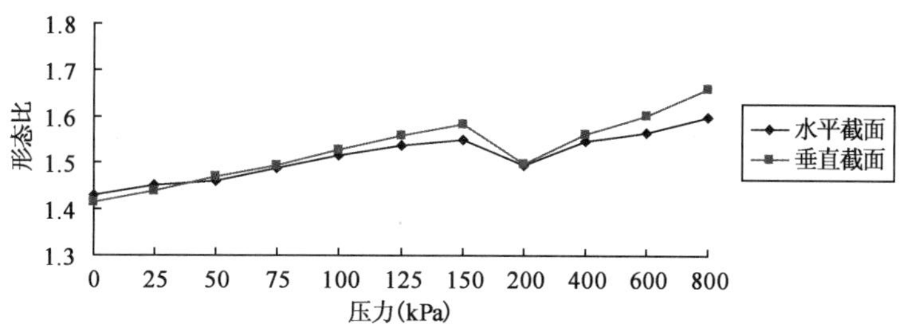

图 6-18　形态比与固结压力的关系

(4)圆度

圆度值越远离1,孔隙和结构单元体越不规则;其值趋近于1,孔隙和结构单元体越趋近于圆形;当其值为1时,孔隙和结构单元体为标准的圆形。从图6-19中可以看出,随着轴向应力的增大颗粒的圆度值呈现出先增大后减小再增大的趋势,这说明土颗粒随着轴向应力的增大不断被压缩,颗粒一方面被压扁,另一方面小颗粒在压力的作用下集结成大颗粒,使得颗粒的圆度不断增大;当轴向应力 $P>150$kPa 时,超过土体的结构屈服应力,土体结构发生破坏,土颗粒发生破碎、错动,其圆度减小;当 $P>200$kPa 时,土体在新的结构下重新被压缩,使得颗粒的圆度不断增大,并且幅度有所增加。

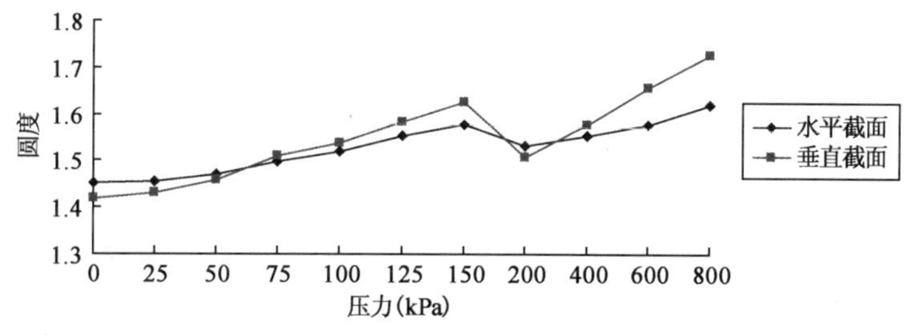

图 6-19　颗粒圆度与固结压力的关系

6.2.1.4　压缩变形微观机理分析

从上述实验结果可以看出:当固结压力小于150kPa,湿地湖泊相软土的压缩为孔隙中气体的压缩、水分的运移及微粒向团粒的迁移过程。在这个过程中,水分逐渐占据了几乎所有孔隙,饱和度也就趋近于饱和。由于水分的运移使孔隙发生连通,而使孔隙数量减少,单个孔隙体积增大。随着固结压力的不断增大,孔隙不断被压缩;当应力为150~200kPa时,固结压力接近和超过了湿地湖泊相软土的结构屈服应力,结构破坏造成团粒破碎,部分受压缩的气体和水分发生膨胀,使孔隙总体积稍有增大。团粒破碎造成孔隙数量增加,单个孔隙体积减小;同时,孔隙形状随应力增大而更加不规则;当固结压力大于200kPa时,固结压力超过了湿地湖泊相软土的结构屈服应力,这一阶段是湿地湖泊相软土结构破坏、新结构形成过程和孔隙重新分布的过程,随应力增加,孔隙体积减小。由此总结得出湿地湖泊相软土的压缩过程分为三个阶段:孔隙中气体的压缩、水分的运移阶段;团粒的相对滑移阶段;结构破坏与新结构形成阶段。

6.2.2　湿地湖泊相软土在流变破坏后微观结构参数的分析

对取自50kPa、100kPa、150kPa、200kPa围压下分别达到流变破坏时的软弱土进行了微观结构测试，样品测试平面统一为垂直截面及水平截面，在图中以 V 代表垂直截面，以 H 代表水平截面。

6.2.2.1　流变破坏后的孔隙孔径分布

根据图像处理的结果，将湿地湖泊相软土分别在不同围压流变破坏时的垂直截面与水平截面土中孔隙孔径划分为小于 1μm、1～2μm、2～5μm、5～10μm 和大于 10μm 5 个档次，其孔隙孔径分布百分比如表 6-4 所示。

不同围压下流变破坏时水平截面和垂直截面的孔隙孔径分布　　表 6-4

围压(kPa)	类型	孔径(μm)、孔径分布(%)				
		<1	1～2	2～5	5～10	>10
0	水平截面	42.35	27.68	22.61	4.44	2.92
	垂直截面	36.64	29.42	21.68	7.02	5.24
50	水平截面	71.42	19.30	6.75	1.81	0.72
	垂直截面	70.66	20.70	7.12	1.19	0.33
100	水平截面	73.22	19.79	5.20	1.32	0.47
	垂直截面	72.58	21.68	4.45	1.03	0.26
150	水平截面	75.99	17.86	4.65	1.17	0.33
	垂直截面	74.19	22.55	2.19	0.86	0.21
200	水平截面	74.3	20.07	4.69	0.60	0.34
	垂直截面	75.21	20.89	3.03	0.71	0.16

由表 6-4 不同围压下流变破坏时的孔隙孔径分布可以看出，未加压土样孔隙的大小分布在 0～10μm 范围，集中分布在 0～2μm 内的孔隙数量占绝大多数，其含量约为 77%，分布在 5～10μm 的孔隙占一小部分；经过不同围压蠕变后的土样，大于 2μm 的孔隙减小，小于 1μm 的孔隙相对的增加，说明荷载的作用使得土中大孔隙逐渐被压缩，土体的密实度增加。

6.2.2.2　流变破坏后孔隙微结构定量参数

根据图像处理结果，得到邢衡高速软弱土在不同围压下流变破坏时的孔隙水平截面和垂直截面的平均等效直径、平面孔隙率、形态比、充填比等微结构定量参数，如表 6-5 所示。

不同围压下流变破坏后水平截面和垂直截面的孔隙微结构定量参数　　表 6-5

压力 (kPa)	研究对象	Area Fraction 平面孔隙率	Equiv Diam 等效直径(μm)	Aspect Ratio 形态比	Full Ration 充填比
0	水平截面	0.428	0.693	1.507	0.716
	垂直截面	0.419	0.668	1.490	0.725
50	水平截面	0.376	0.64	1.64	0.65
	垂直截面	0.357	0.588	1.616	0.672

续上表

压力 (kPa)	研究对象	Area Fraction 平面孔隙率	Equiv Diam 等效直径(μm)	Aspect Ratio 形态比	Full Ration 充填比
100	水平截面	0.344	0.569	1.696	0.632
	垂直截面	0.31	0.495	1.703	0.626
150	水平截面	0.296	0.491	1.780	0.553
	垂直截面	0.224	0.364	1.843	0.501
200	水平截面	0.316	0.520	1.744	0.580
	垂直截面	0.281	0.429	1.733	0.571

由表 6-5 可以看出，经过不同围压流变破坏后的土样，孔隙的平面孔隙率、等效直径以及充填比均减小，孔隙的形态比增大，且垂直截面上的颗粒参数的变化均比水平截面上的孔隙形态参数的变化更为明显。在围压与偏应力的共同作用下，土颗粒之间的孔隙空间随着偏应力的增大不断被压缩，使得孔隙的大小、平面孔隙率和充填比不断减小，孔隙的形态比不断增大，逐渐趋于长条状态。

6.2.2.3 流变破坏后颗粒微结构定量参数

根据图像处理结果，得到湿地湖泊相软土在不同围压下流变破坏时的颗粒水平截面和垂直截面的等效直径、数量、形态比和圆度等微结构定量参数，如表 6-6 所示。

不同围压下流变破坏后水平截面和垂直截面的颗粒微结构定量参数 表 6-6

颗粒微观结构定量参数统计表					
压力 (kPa)	研究对象	Equiv Diam 等效直径(μm)	Count 数量(个)	Aspect Ratio 形态比	Roundness 圆度
0	水平截面	0.41	2 097	1.431	1.452
	垂直截面	0.392	2 240	1.415	1.418
50	水平截面	0.442	1 910	1.532	1.575
	垂直截面	0.435	1 950	1.56	1.555
100	水平截面	0.462	1 700	1.58	1.6
	垂直截面	0.472	1 620	1.649	1.659
150	水平截面	0.484	1 370	1.693	1.680
	垂直截面	0.532	1 070	1.829	1.86
200	水平截面	0.463	1 480	1.661	1.659
	垂直截面	0.498	1 340	1.737	1.771

由表 6-6 可以看出：经过不同围压流变破坏后的土样，土体颗粒的等效直径、形态比和圆度均增大，颗粒的数量减小，且垂直截面上的颗粒参数的变化均比水平截面上的孔隙形态参数的变化比较明显。在围压与偏应力的共同作用下，土颗粒随着偏应力的增加不断被压缩，颗粒一方面被压扁，另一方面小颗粒在压力的作用下集结成大颗粒，使得颗粒的大小、形态比和圆

度不断增大,颗粒数量不断减小。

6.3 本章小结

通过对湿地湖泊相软土微结构参数定量分析,研究其与不同应力路径的关系变化曲线,可以得到以下结论:

(1)湿地湖泊相软土在压缩与流变试验的微观结构变化均表现为由原状样的片状结构向团聚结构转变,颗粒间以边—边、边—面为主的接触形式向以面—面为主的接触形式过渡,颗粒间距减小,大孔隙减少,小孔隙增多。

(2)压缩土样的微观试验结果分析表明,湿地湖泊相软土在固结压力超过结构屈服应力时,孔隙和颗粒的微观结构参数都发生了明显的变化,说明湿地湖泊相软土在压缩过程中出现过结构的破坏,具体表现在:在固结压力小于结构屈服应力时,孔隙的平面孔隙率、等效直径和充填比随着压力的增大逐渐减小,孔隙的形态比随着压力的增大而增大,颗粒的等效直径、形态比、圆度逐渐增大,颗粒的数量逐渐减小;当固结压力达到结构屈服应力时,孔隙的平面孔隙率、等效直径和充填比突然增大,孔隙的形态比突然减小,颗粒的等效直径、形态比和圆度突然减小,颗粒的数量突然增大;当超过结构的屈服应力时,孔隙的平面孔隙率、等效直径和充填比又随着压力的增大逐渐减小,孔隙的形态比随着压力的增大又开始增大,颗粒的等效直径、形态比和圆度逐渐增大,颗粒的数量逐渐减小。宏观表现为土颗粒之间趋于紧密,土体密实度增加,应力达到结构屈服应力时土体结构破坏,随着压力的增大,新结构又开始形成。

(3)从湿地湖泊相软土压缩试验微观结构参数定量分析结果可以总结出湿地湖泊相软土的压缩过程分为三个阶段:孔隙中气体的压缩、水分的运移阶段;团粒的相对滑移阶段;结构破坏与新结构形成阶段。

第 7 章 基于分形理论的土体微观结构研究

7.1 分形理论概述

7.1.1 分形理论的定义

自然界中存在许多不规则以及杂乱无章的现象和行为，这些行为和现象是无法用传统的整数维几何空间描述的。B. B. Mandelbrot 在总结了自然界的非规整几何图形之后，于 1975 年第一次提出了分形的概念[112]。分形的英文单词为 Fractal，来自于拉丁语的 Fractus，表示破碎的意思[113]。分形物体一般具有精细的结构，局部和整体往往具有某种程度的自相似性。例如天空中的云朵、岩石表面、曲折的海岸线、闪电等等。到目前为止，人们已经在数学、物理学、化学、计算机科学、力学、经济学等诸多领域对分形进行了研究，有些仅仅是开端，有些已经取得了实用性的成果。分形几何是表述突变性、粗糙性、颗粒性的非常好的工具，它在岩石力学的诸多方面，如岩石及其节理表面的粗糙度刻划、断裂发育及其生长特征描述及结构面分析等，所取得的重大进展为土力学微结构的研究带来了良好的前景[114]。

那么什么是分形呢？Mandelbrot 在 1986 年给出的定义为：组成部分与整体以某种方式相似的形叫分形圈。一般来说，一个被称之为分形的物体或集体 F，具有下面典型的性质：

(1)F 具有精细的结构，具有任意小比例的细节。

(2)F 非常不规则，它的局部与整体都不能用传统的几何语言描述。

(3)F 通常具有某种自相似的形式，可能是近似的或统计意义上的。

(4)一般地，F 得分形维数(以某种形式定义)大于它的拓扑维数。

(5)在大多数令人感兴趣的情况下，F 以非常简单的方法定义，可能由迭代产生。

分形几何与传统的欧氏几何不同之处在于：

(1)分形几何的描述对象是那些非常不规则以至于不适合视为经典几何研究对象的物体，这些物体虽然很复杂、不规则，但不同尺度上是具有规则性的或相似性的。

(2)欧氏几何具有有限标度，而理想分形具有无限的几何标度，无特征长度。

(3)在经典的欧氏几何学中，点是 0 维的，曲线是 1 维的，平面是 2 维的，这些维数只取整数值，是拓扑学意义下的维数，它反映的是确定一个点在空间上的位置所需独立坐标的数目或独立方向的数目；而分形几何描述分形维数可以是整数也可以是分数。

7.1.2 自相似性

分形结构的本质特征是自相似性或自仿射性，也就是标度不变性。自相似性是指：把考察的对象的一部分沿各个方向以相同比例放大后，其形态与整体相同或相似。简单地说，就是局部是整体成比例缩小的性质。形象地说，就是当用不同倍数的照相机拍摄研究对象时，无论放大倍数如何改变，看到的照片都是相似的（统计意义），而从相片上也无法断定所用相机的倍数，故又称标度不变性或全息性。自仿射性则是指：把考察的对象的一部分沿各个方向以不同比例放大后，其形态与整体相同或相似。而具有自相似性或自仿射性结构的体系就是分形体。在自然现象和人工现象中，自相似是十分广泛存在的，例如从空间拍下的一段海岸线的图片（见图 7-1），可以看出从空中观察到的景象与从高出海岸线 10km 外观察到的景象是相似的，而 10km 这个距离还可以缩短为 1km，1ft，1in……而其相似性仍然存在。下面的 Von Koch 曲线（见图 7-2）是一个纯数学得分形，它的构造规则如下。设 E_0 是单位长度的直线段，E_1 是 E_0 除去 1/3 的线段而代之以底边被除去的等边三角形的另两边所得到的集合，它含有 4 个线段，把同样的过程施加到 E_1 的每个直线段上而构造 E_2，以此类推，于是 E_k 是把 E_{k-1} 的每个直线段中间的 1/3 用等边三角形的另两边取代而得到的。当 $R\rightarrow\infty$，折线序列趋于极限的曲线 F 称为 VonKoeh 曲线。

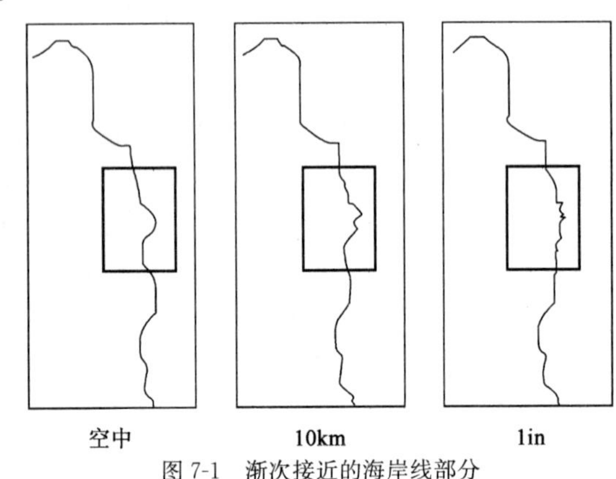

图 7-1　渐次接近的海岸线部分

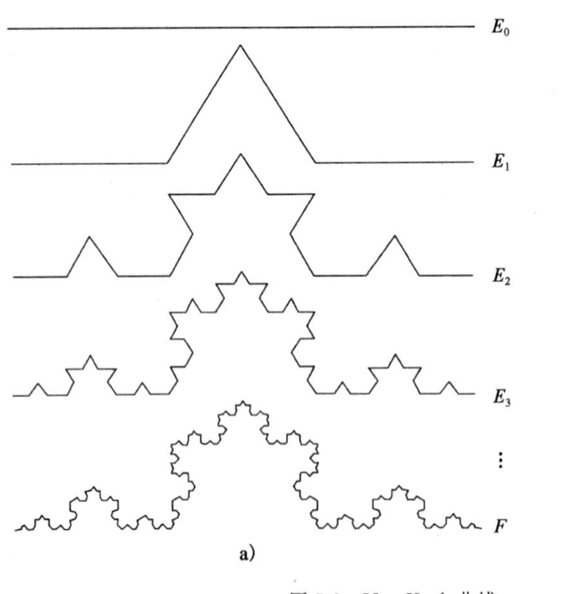

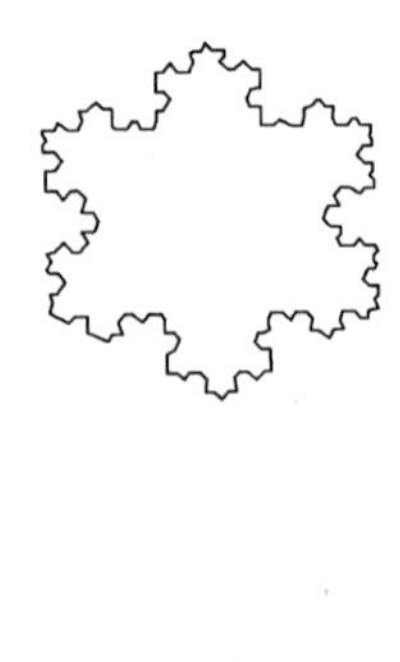

图 7-2　Von Koeh 曲线

对于这些非线性的不规则物体，传统的欧氏几何是无法刻划的。分形几何的意义就在于给出这些物体复杂程度的一个描述，它使用的工具就是许多形式的分形维数(Fractal Dimension)。一般来说分形维数大于物体的拓扑维数，而且不是整数值。根据应用的需要，定义分形维数的方法并不唯一，例如豪斯道夫维数、计计盒维数、信息维数，只要它能反映这个集合在某一方面的特征就可以。在这里我们先介绍豪斯道夫维数，因为它是最原始、最基本的分形维数，其定义简单直接，然后介绍计计盒维数中的平面分维[115]。

7.2　分形维数

维数是几何学和空间理论的基本概念。一维的直线，二维的平面，三维的普通空间，这些都是人们的常识，其研究对象都是规则又完全光滑的客体。对于自然界大量存在的不规则、不光滑甚至是构型奇异的客体，分形几何学以分形维数予以表征。根据分形研究的需要，定义分形维数的方法并不唯一，只要它能反映这个集合在某一方面的特征就可以。

7.2.1　豪斯道夫维数

在人们广泛应用的各种分形维数中，豪斯道夫维数是最古老也是最重要的一种。这是数学家豪斯道夫于1919年引入的。他提出连续空间的概念，也就是空间维数不是跃变的，而是可以连续变化的，既可以是整数，也可以是分数，通过具体计算来确定维数，称为豪斯道夫维数，记为D_f。为了明确表达分形维数的分数性质，Mandelbrot把豪斯道夫维数称为分维，仍用D_f表示。

举例说明：取一个边长为l的正方形，放大2倍后的长度是$2l$。边长为l的正方形，每边长放大2倍后的面积为$4l^2$。边长为l的立方体，每边长放大2倍后的体积为$8l^3$，如图7-3所示，其结果整理如下：

一维图形(线段)：$2^1=2$

二维图形(正方形)：$2^2=4$

三维图形(立方体)：$2^3=8$

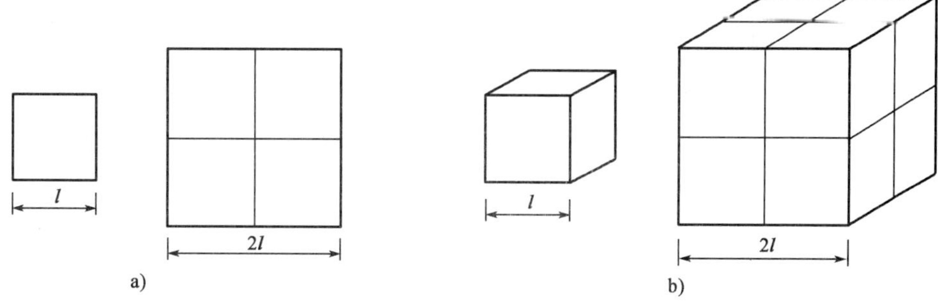

图7-3　图例

因此可以得出，对于一个D_f维的几何对象，若每个棱边长度都放大L倍，这个集合对象相应的放大K倍。则D_f、L和K三者的关系为：

$$L^{D_f} = K \tag{7-1}$$

不难验证，对任何普通几何对象，这个简单关系式都是成立的。对式(7-1)取对数，则有：

$$D_f = \frac{\lg K}{\lg L} \tag{7-2}$$

对于正规几何图形，分子为分母整除，D_f 为整数，是欧几里德维数。对非规则图形，分子与分母不总可整除，D_f 一般是分数，称为分维。

如果 U 为 n 维欧几里德空间 R^n 中的任意非空子集，U 的直径定义为：

$$|U| = \sup\{|x-y| \quad x,y \in U\} \tag{7-3}$$

即 U 内任意两点距离的最大值。如果 $\{U_i\}$ 为覆盖集 F 的可数(或有限)个直径不超过 δ 的集构成的集类，即 $F \subset \bigcup_{i=1}^{\infty} U_i$，且对每一个 i 都有 $0<|U_i|<\delta$，则称 $\{U_i\}$ 为 F 的一个 δ-覆盖。

设 F 为 R^n 中的任意子集，D 为一非负数，对任意 $\delta>0$，$\{U_i\}$ 为 F 的 δ-覆盖

$$\xi_\delta^D(F) = \inf\left\{\sum_{i=1}^{\infty} |U_i|^D : \{U_i\} \text{ 为 } F \text{ 的 } \delta\text{- 覆盖}\right\} \tag{7-4}$$

于是考察所有直径不超过 δ 的 F 覆盖，并试图使这些直径的 D 次幂的和达到最小。当 D 减小时，式(7-4)中能覆盖 F 的集类是减少的，所以下确界 $\xi_\delta^D(F)$ 随 $D\to 0$ 而趋于一极限，记为：

$$\xi^D(F) = \lim \xi_\delta^D(F) \tag{7-5}$$

对 R^n 中的任何子集 F，这个极限都存在，但极限值可以是(并且通常是)0 或∞。ξ^D 为一个测度，我们称 $\xi^D(F)$ 为 F 的 D-维豪斯道夫测度。

由式(7-4)容易看出，对任意给定的集 F 和 $\delta<1$，$\xi_\delta^D(F)$ 对 δ 是不增的，因此根据式(7-5)，$\xi^D(F)$ 也是不增的。事实上有进一步的结论，若 $t>D$ 且 $\{U_i\}$ 为 F 的 D-覆盖，我们有：

$$\sum |U_i|^t \leqslant \delta^{t-D} \sum |U_i|^D \tag{7-6}$$

取下确界得 $\xi_\delta^t(F) \leqslant \delta^{t-D} \xi_\delta^D(F)$。令 $\delta\to 0$，可见对于 $t>D$，若 $\xi^D(F)<\infty$，则 $\xi^t(F)<0$，同理，若 $t<D$，我们可以得到结论 $\xi^t(F)=\infty$。$\delta^D(F)$ 关于 D 的关系表明，存在 D 的一个临界点，使得 $\xi^D(F)$ 从∞跳跃到 0，我们把这个临界值称为豪斯道夫维数，记为 $\dim_H F$，即：

$$\xi^D(F) = \begin{cases} \infty & D < \dim_H F \\ 0 & D > \dim_H F \end{cases} \tag{7-7}$$

若 $D=\dim_H F$，则 $\xi^D(F)$ 可以为零、无穷或者满足：

$$0 < \xi^D(F) < \infty \tag{7-8}$$

从上面的定义可以看出，分形维数反映的实际上是测度观的转变，它反映了人类对自然界精细结构的一种认识。

7.2.2 计计盒维数

豪斯道夫维数深刻地揭示了分形维数的数学内涵，但是由于它在数值计算中存在一定的困难，所以人们又提出了许多与之基本等价的、在数值计算和经验估计中相对容易一些的维数定义。计计盒维数或计盒维数(Box－Counting or Box Dimension)就是其中应用最广泛的一种。

设 F 是 R^n 上任意非空的有界子集。$N_\delta(F)$ 是直径最大为 δ、可以覆盖 F 的集的最少个数，则 F 的上下计计盒维数分别定义为：

$$\underline{\dim}_B F = \lim_{\delta \to 0} \frac{\lg N_\delta(F)}{-\lg\delta} \tag{7-9}$$

$$\overline{\dim}_B F = \overline{\lim_{\delta \to 0}} \frac{\lg N_\delta(F)}{-\lg\delta} \tag{7-10}$$

如果这两个值相等，则称这个共同的值为 F 的计计盒维数或计盒维数，记为：

$$\dim_B F = \lim_{\delta \to 0} \frac{\lg N_\delta(F)}{-\lg\delta} \tag{7-11}$$

在实际应用中，常把 $N_\delta(F)$ 取为与 F 相交的边长为 δ 的网立方体个数（网立方体是指在 R^n 中下列形式的立方体 $[m_1\delta,(m_1+1)\delta]\times\cdots\times[m_n\delta,(m_n+1)\delta]$，其中，$m_1,\cdots,m_n$ 都是整数，易见 R^1 的立方体即为区间，R^2 上为正方形，R^3 上为立方体），然后做 $\lg N_\delta(F)$ 与 $-\lg\delta$ 的关系曲线，如果基本上成直线，斜率为 K，那么就认为该集合是一个分形，且分形维数 $\dim_B F=K$。经证明，这样的经验估计与它的定义是等价的。

计盒维数的经验估计恰好对计盒维数的定义做了一个贴切的解释：与集 F 相交的边长为 δ 的网立方体的个数正好表示了这个集合是如何展开的，或者说是以尺度 δ 为度量时，这个集的不规则程度。维数反映了当 $\delta\to 0$ 时集合的不规则性是如何迅速展开的。

豪斯道夫维数和计盒维数具有如下关系，对于任意 $F\subset R^n$

$$\dim_H F \leqslant \underline{\dim}_B F \leqslant \overline{\dim}_B F \tag{7-12}$$

成立，对一些“相当规则”的集合来说，豪斯道夫维数和计盒维数是相等的，但是在更多情况下，不等号是严格成立的。另外，计盒维数的一些基本性质与豪斯道夫维数的一些基本性质也是相似的，这也是尽管计盒维数是定义在经验之上但仍能广泛应用的原因之一。

计盒分维又包括平面分维和空间分维，本课题利用了平面分维。平面分维的具体实现方法在以后的内容中有详细介绍。

7.2.3 信息维数

根据分维定义，测量分形结构的方法，可以取边长为 ε 的小盒子覆盖分形结构来进行度量。因为分形结构内部有各种层次的空洞和缝隙，有些盒子是非空的，有些盒子是空的。把非空盒子的数目数出来，记为 $N(\varepsilon)$。然后缩小盒子的尺寸 ε，所得到的 $N(\varepsilon)$ 自然要增大。按定义，只要在双对数坐标纸上画出 $\lg N(\varepsilon)$ 对 $\lg(\varepsilon)$ 的曲线，则曲线的直线部分斜率就给出分维 D_f。现在把盒子编号，如果知道分形结构落入第 i 只盒子的几率为 P_i，就可以写出用尺寸为 ε 的盒子进行测量所得到的信息量为：

$$I = -\sum_{i=1}^{N(\varepsilon)} P_i \lg P_i \tag{7-13}$$

现在用 I 代替 $N(\varepsilon)$ 来定义信息维数 D_1。为了使结果更精确，要不断缩小 ε，而且要看 ε 不断缩小时是否有极限存在，即：

$$D_1 = \lim_{k \to 0} \frac{\lg \sum_i P_i \lg(1/P_i)}{-\lg\varepsilon} \tag{7-14}$$

假如落入每个小盒子的几率都相同,即 $P_i = 1/N(\varepsilon)$,求和号下面的每一项都与盒子的编号无关,则 $I = \lg N(\varepsilon)$,于是回到 D_f 的定义。由此可知,信息维数的计算比简单分维 D_f 要复杂,要先求出几率 P_i。

7.3 湿地湖泊相软土微观结构的分形研究

7.3.1 土体微观结构分形研究的指标选取

土体无论从其物质组成还是从其存在形式来看,都是十分复杂的。但是如果仅从几何形态上来考虑,情况就会变得相对简单一些,上节已经介绍了有关分形维数的性质与定义,本节从反映孔隙和颗粒分布整体性质的几何指标——分形维数入手,来探讨有关土体微结构的有关指标。之所以利用分形维数研究土体微观结构图像,一是因为分形维数是一个无量纲、无标度的量,减弱了微观图像的分辨率、放大倍数等对计算结果的影响;二是因为从直观上看,土体的复杂结构比较适合于做分形几何的研究对象,土体的工程性质实际上是土体结构单元体性质的综合表现,而结构单元体性质又在很大程度上取决于土粒集合体甚至更小的单粒矿物的性质,也就是说存在某种意义上的层次性和自相似性。因此采用自相似的方法来定量描述复杂土体的分性特征,从本质上揭示土体的力学行为,这是目前土体微结构研究的主要方向。而上述计盒分维把土体的微观特征与宏观特征相联系,分形维数既刻划了土体的微结构特征,又从宏观上反映了土体的整体特征。它是与标度无关的参量,比常用的统计特征要全面而深刻得多,十分有利于形态模式的量化。

本文采用了计盒分维中的平面分维来研究图体的微观结构,把不同应力路径下水平截面H与垂直截面V的平面分维数作为土体微结构定量化的指标,并与宏观物理性质相联系,以期得到它们之间的定量关系,进而解释土体的力学行为。

微观图像上的孔隙和颗粒的分布情况能反映土体的密实程度。经二值化后的灰度图像变成了二值图像,白色代表颗粒,黑色代表孔隙。求分维的具体做法如下。

(1)孔隙分布分维 D_p

如图 7-4 所示,假设图像中含有多个孔隙(图中点状闭域),以边长为 ε 的正方形将图像分割成规格为 $(L/\varepsilon)\times(L/\varepsilon)$ 的正交网格,并且设含有孔隙(或一部分)的网格总数为 $N(\varepsilon)$,如果改变 ε,使其在值域范围内序列变化,如 $\varepsilon_1, \varepsilon_2, \cdots, \varepsilon_n$,则得到相应的序列值 $N(\varepsilon_1), N(\varepsilon_2), \cdots, N(\varepsilon_n)$,将这些数据组描绘于双对数坐标系中,即可直观地确定 $\lg\varepsilon - \lg N(\varepsilon)$ 对应关系。

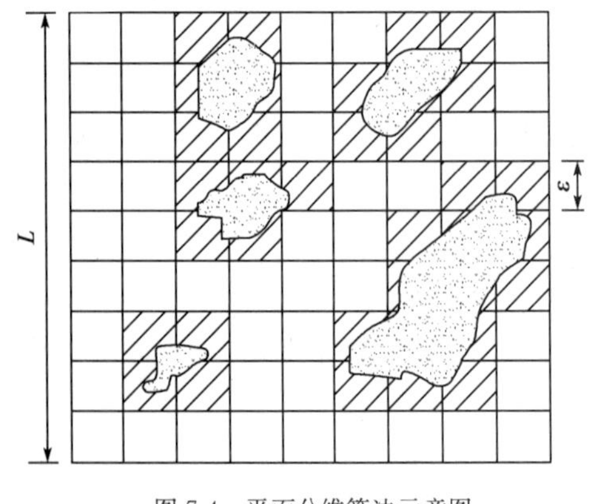

图 7-4 平面分维算法示意图

如果存在线性特征,表明孔隙分布具有分形特征,若线性部分的斜率为 K,那么

$$D_p = -\lim_{\varepsilon\to 0}\frac{\lg N(\varepsilon)}{\lg\varepsilon} = -K \tag{7-15}$$

D_p 值越大,表明颗粒分布越均匀,集团化程

度越低，密实度越大。

(2)颗粒分布分维 D_{pd}

颗粒分布情况既可反映颗粒系统的形态，又可以说明土体的密实状况。颗粒分布分维的具体做法与孔隙分布分维的做法相同，其计算方式为：

$$D_{pd}=-\lim_{\varepsilon\to 0}\frac{\lg N(\varepsilon)}{\lg\varepsilon}=-K \tag{7-16}$$

式中：ε 为网格边长；$N(\varepsilon)$为图像颗粒网格总数。

颗粒分布分维值 D_{pd} 越大，表明颗粒分布越均匀，集团化程度越低，土体的密实度越大。

7.3.2　湿地湖泊相软土的分维计算结果

根据以上分析，对第 6 章中经过处理的图像进行分维计算，本课题利用 Matlab 数字图形处理工具，通过编程来求平面分维。

7.3.2.1　不同固结压力下的微观分维指标

(1)孔隙平面分布分维

结果显示，各固结压力下的微观图像经计算后绘制的孔隙的 $\lg\varepsilon-\lg N(\varepsilon)$呈明显的线性特征，如图 7-5～图 7-15 所示，这表明试样中孔隙的分布具有分形特征，平面分维的数值计算结果如表 7-1 所示。

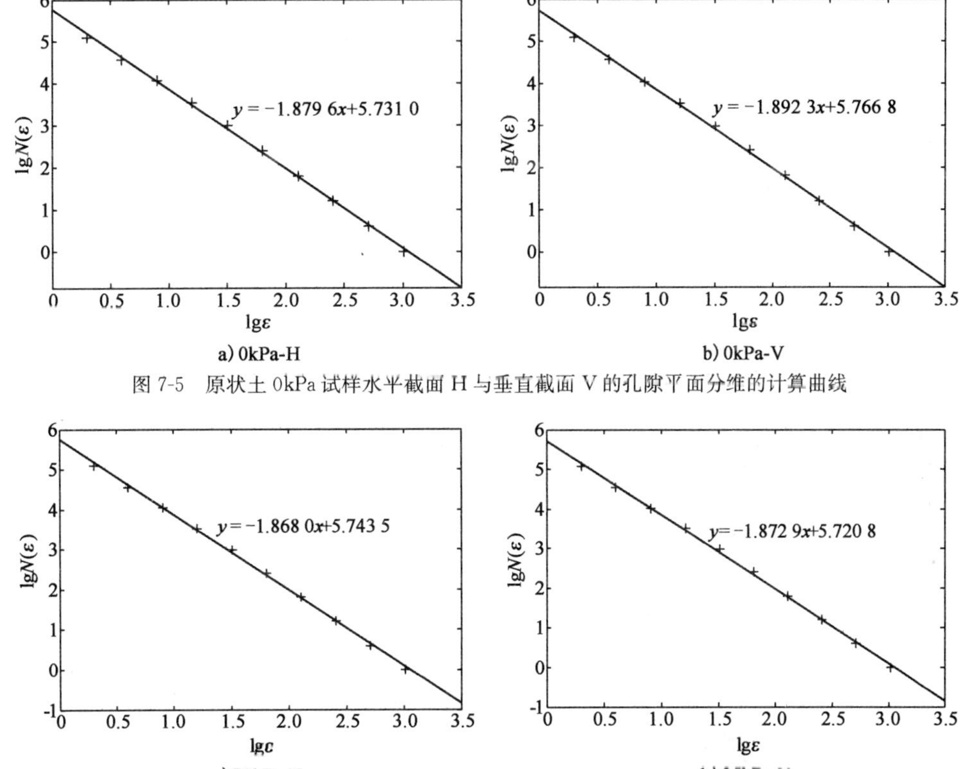

图 7-5　原状土 0kPa 试样水平截面 H 与垂直截面 V 的孔隙平面分维的计算曲线

图 7-6　25kPa 试样水平截面 H 与垂直截面 V 的孔隙平面分维的计算曲线

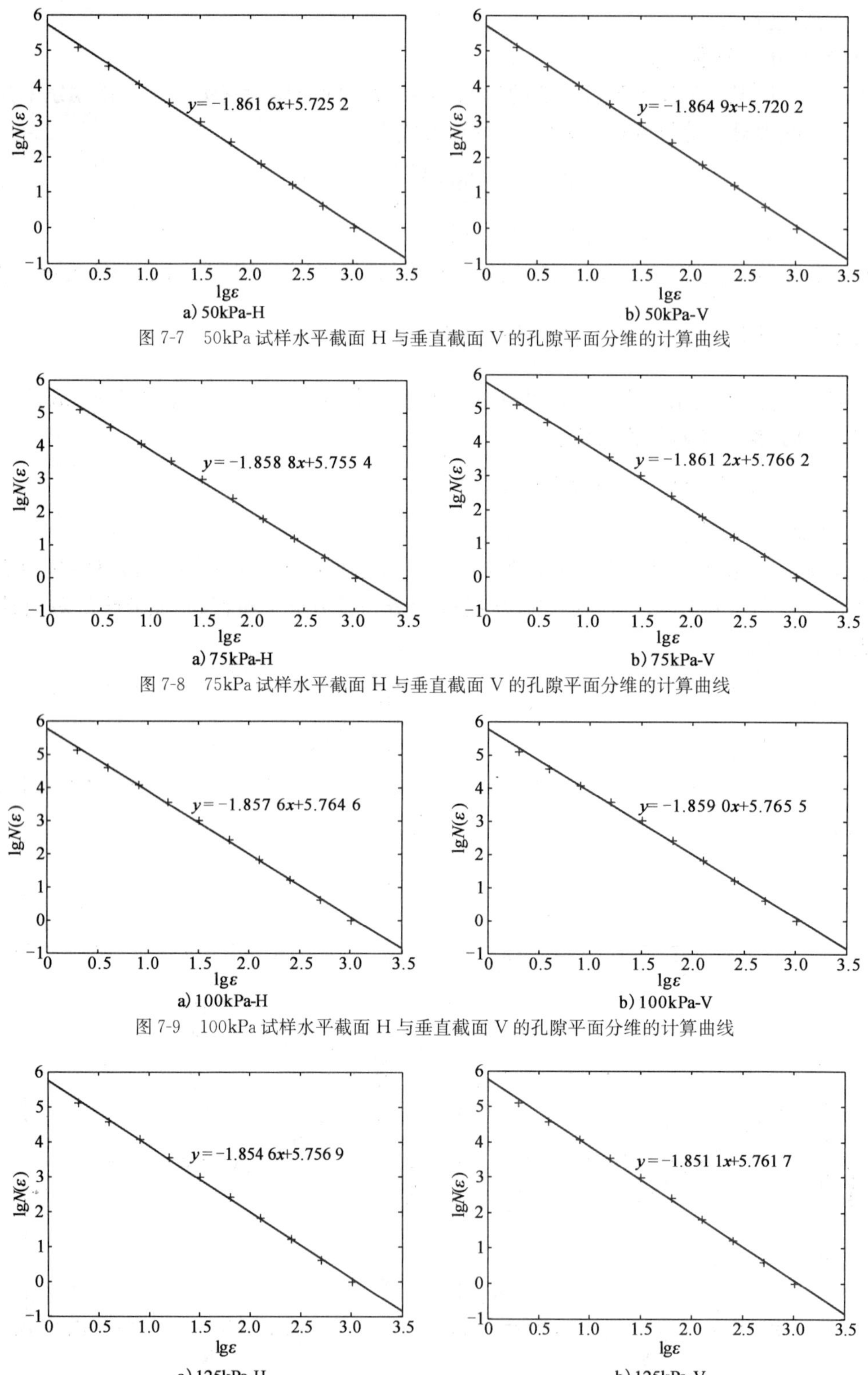

图 7-7　50kPa 试样水平截面 H 与垂直截面 V 的孔隙平面分维的计算曲线

图 7-8　75kPa 试样水平截面 H 与垂直截面 V 的孔隙平面分维的计算曲线

图 7-9　100kPa 试样水平截面 H 与垂直截面 V 的孔隙平面分维的计算曲线

图 7-10　125kPa 试样水平截面 H 与垂直截面 V 的孔隙平面分维的计算曲线

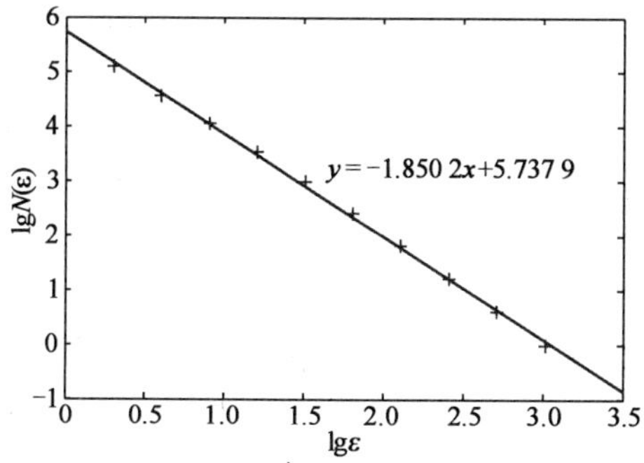

a) 150kPa-H

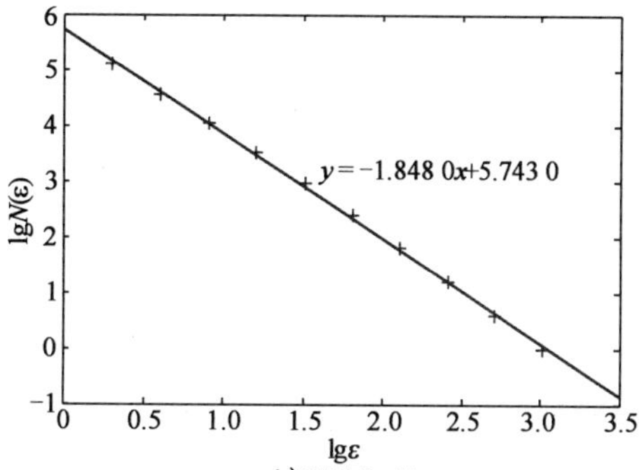

b) 150kPa-V

图 7-11　150kPa 试样水平截面 H 与垂直截面 V 的孔隙平面分维的计算曲线

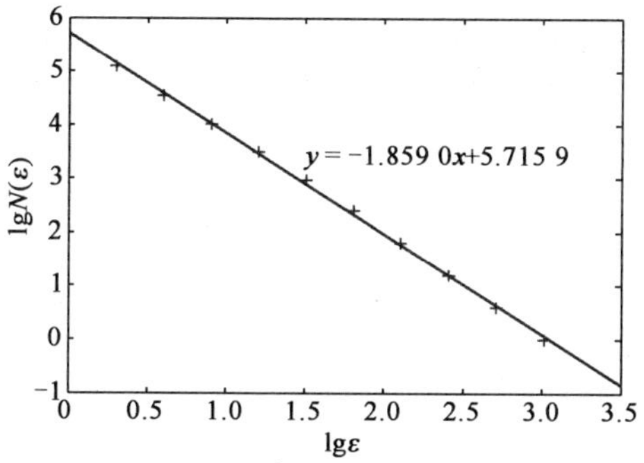

a) 200kPa-H

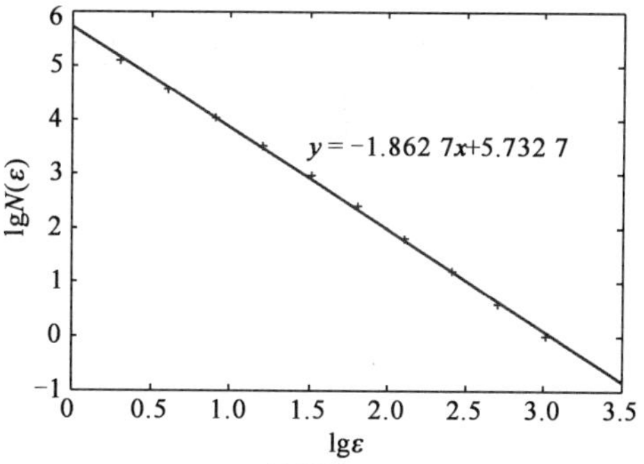

b) 200kPa-V

图 7-12　200kPa 试样水平截面 H 与垂直截面 V 的孔隙平面分维的计算曲线

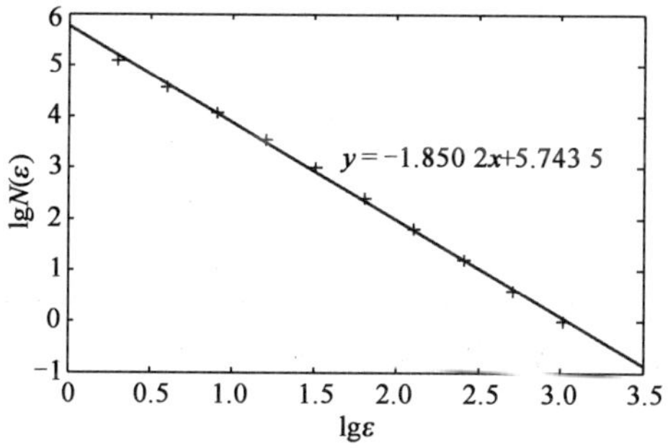

a) 400kPa-H

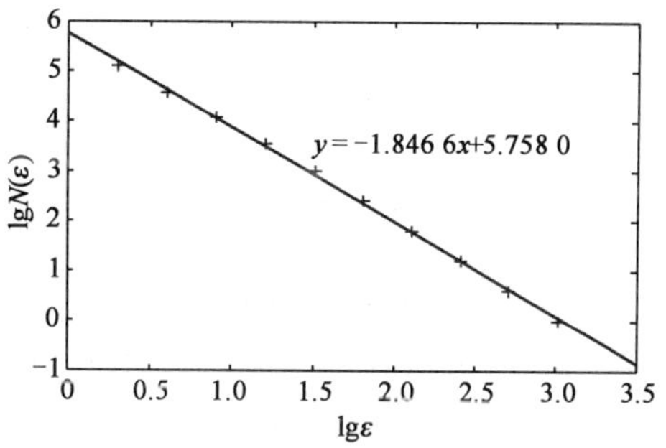

b) 400kPa-V

图 7-13　400kPa 试样水平截面 H 与垂直截面 V 的孔隙平面分维的计算曲线

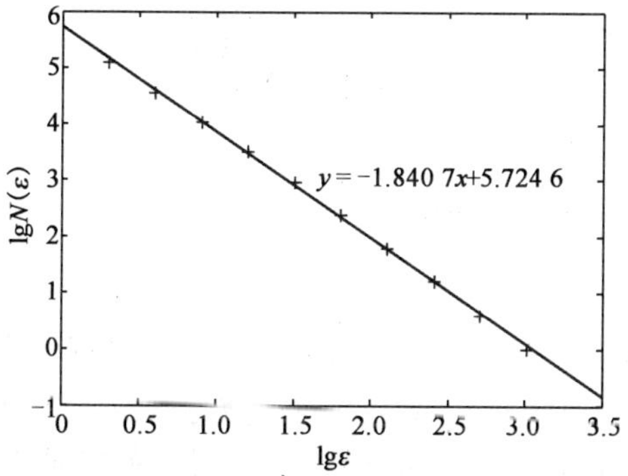

a) 600kPa-H

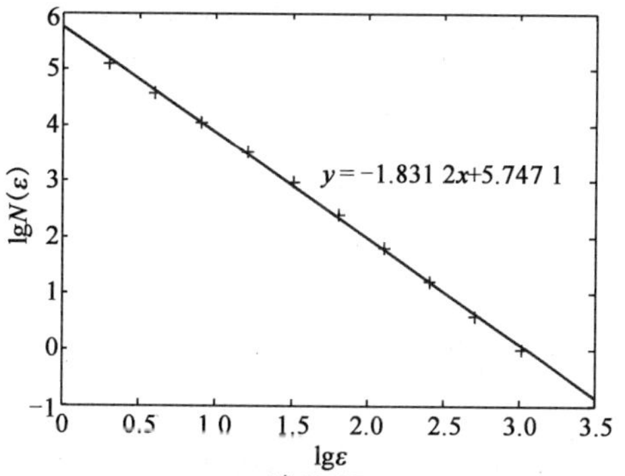

b) 600kPa-V

图 7-14　600kPa 试样水平截面 H 与垂直截面 V 的孔隙平面分维的计算曲线

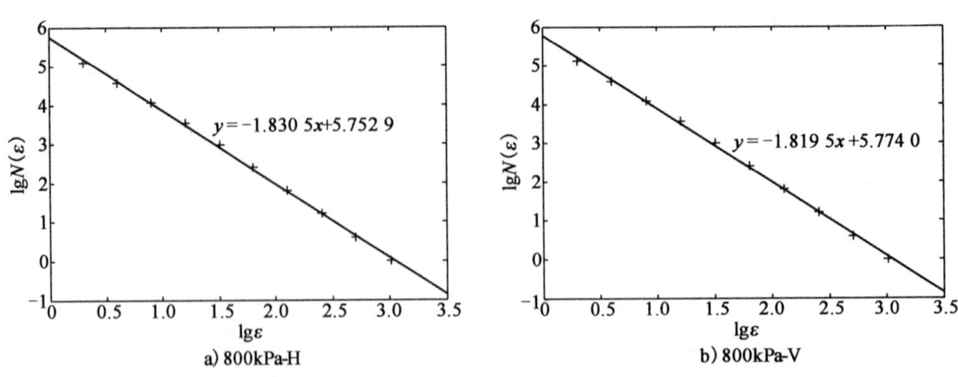

图 7-15　800kPa 试样水平截面 H 与垂直截面 V 的孔隙平面分维的计算曲线

不同固结压力下土样水平截面 H 与垂直截面 V 的孔隙平面分维统计表　　表 7-1

压力(kPa)	孔隙平面分维数	
	水平截面	垂直截面
0	1.879 6	1.892 3
25	1.868 0	1.872 9
50	1.861 6	1.864 9
75	1.858 8	1.861 2
100	1.857 6	1.859 0
125	1.854 6	1.851 1
150	1.850 2	1.844 4
200	1.859 0	1.862 7
400	1.850 2	1.846 6
600	1.840 7	1.831 2
800	1.830 5	1.819 5

由表 7-1 不同固结压力下土样水平截面 H 与垂直截面 V 的孔隙平面分维统计表得出孔隙平面分维与固结压力的关系曲线，如图 7-16 所示。

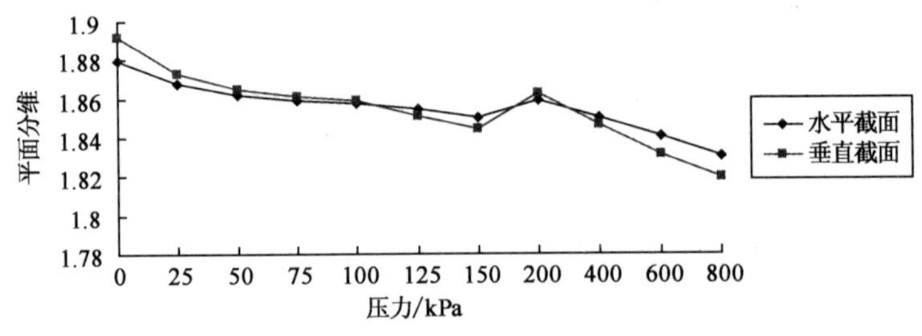

图 7-16　孔隙平面分维与固结压力的关系曲线

由图 7-16 可以看出，在荷载作用下水平截面与垂直截面上孔隙平面分维值呈现出先减小后增大再减小趋势，且垂直截面上的孔隙分布分维值较水平截面上的孔隙分布分维值变化明显。在轴向应力 $P<1\ 500$kPa 时，孔隙平面分维值随压力的增大而减小；而当轴向压力 150kPa$<P<$200kPa 时，该软弱土的孔隙平面分维值明显增大；当轴向应力 $P>$200kPa 时，孔隙平面分维值随着轴向应力的增大而减小。这种变化规律反映了在压力小于土的结构屈服压力时，土中孔隙面积逐渐减小，从而孔隙的平面分维值减小；当压力超过土结构屈服压力之后，土的结构强度大幅度损失，伴随着土中大孔隙的坍塌，孔隙面积增加；随着轴向应力的继续增大，土中孔隙不断被压密，土的密实度提高，孔隙分维值又逐渐减小。

（2）颗粒平面分布分维

结果显示，各固结压力下的微观图像经计算后绘制的颗粒的 lgε—lgN(ε)呈明显的线性特征，如图 7-17～图 7-27，这表明试样中颗粒的分布具有分形特征，平面分维的数值计算结果如表 7-2 所示。

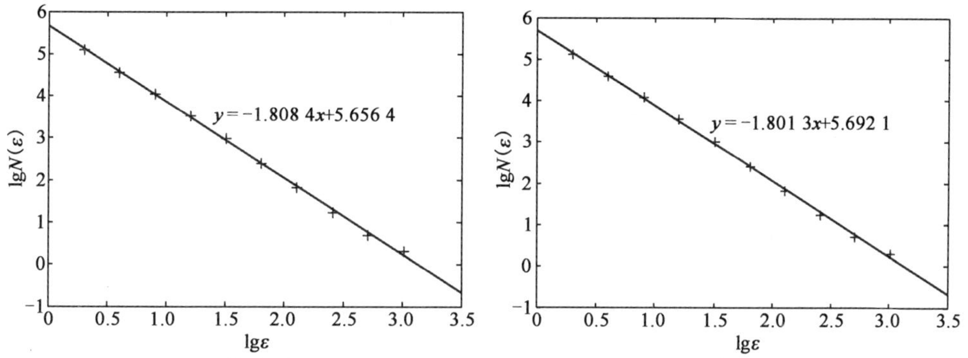
y=−1.808 4x+5.656 4
lgN(ε)
lgε
y=−1.801 3x+5.692 1
lgN(ε)
lgε

a) 0kPa-H　　b) 0kPa-V

图 7-17　0kPa 试样水平截面 H 与垂直截面 V 的颗粒平面分维的计算曲线

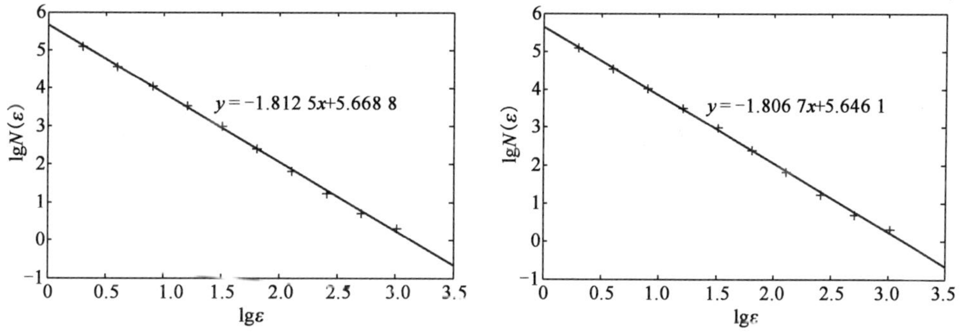
y=−1.812 5x+5.668 8
lgN(ε)
lgε
y=−1.806 7x+5.646 1
lgN(ε)
lgε

a) 25kPa-H　　b) 25kPa-V

图 7-18　25kPa 试样水平截面 H 与垂直截面 V 的颗粒平面分维的计算曲线

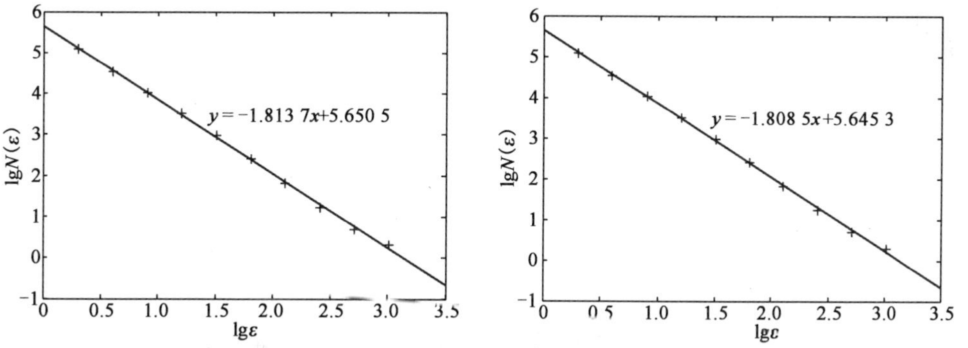
y=−1.813 7x+5.650 5
lgN(ε)
lgε
y=−1.808 5x+5.645 3
lgN(ε)
lgε

a) 50kPa-H　　b) 50kPa-V

图 7-19　50kPa 试样水平截面 H 与垂直截面 V 的颗粒平面分维的计算曲线

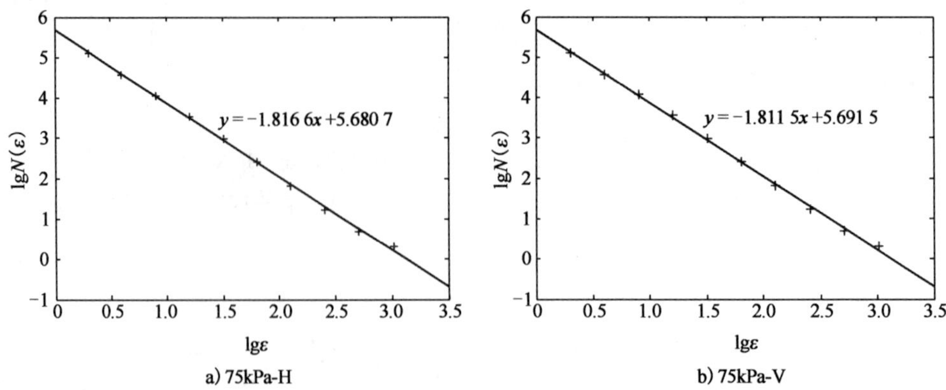

图 7-20　75kPa 试样水平截面 H 与垂直截面 V 的颗粒平面分维的计算曲线

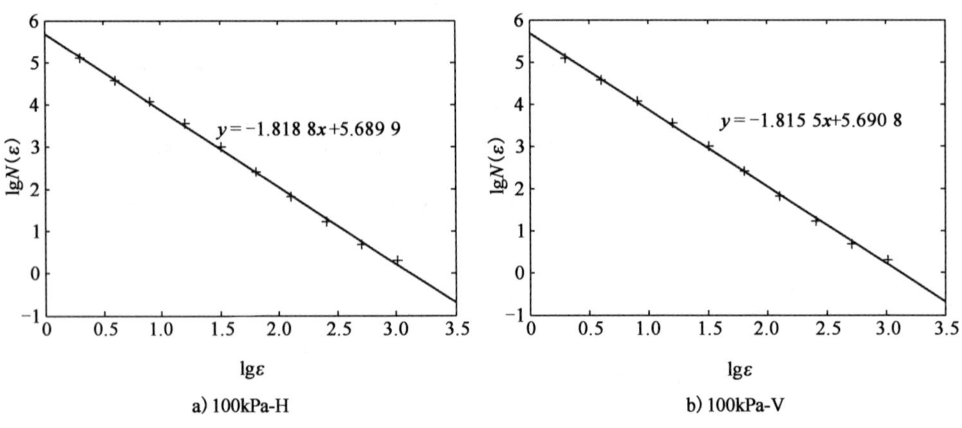

图 7-21　100kPa 试样水平截面 H 与垂直截面 V 的颗粒平面分维的计算曲线

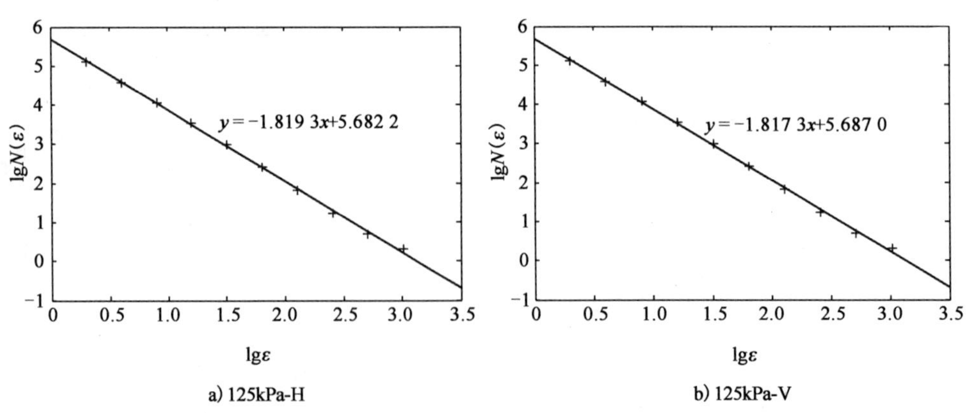

图 7-22　125kPa 试样水平截面 H 与垂直截面 V 的颗粒平面分维的计算曲线

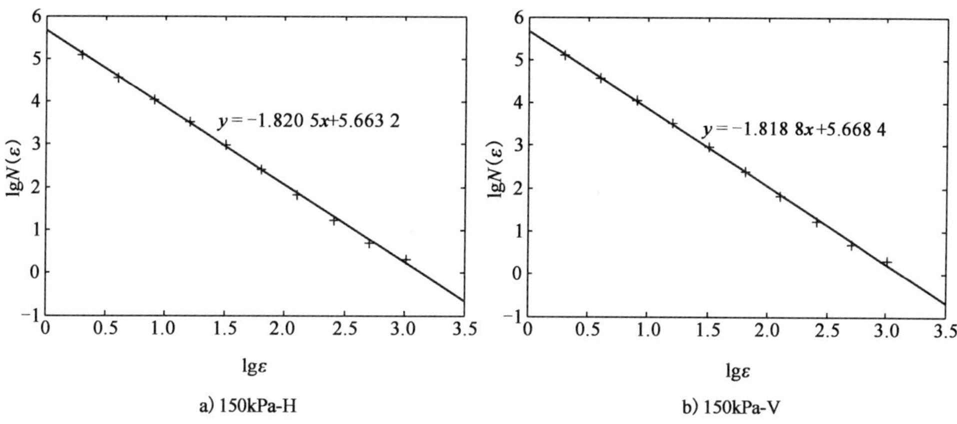

图 7-23　150kPa 试样水平截面 H 与垂直截面 V 的颗粒平面分维的计算曲线

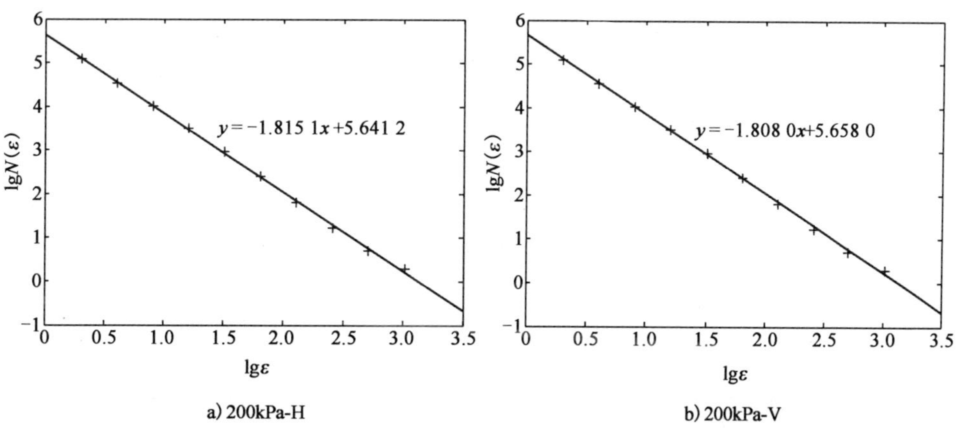

图 7-24　200kPa 试样水平截面 H 与垂直截面 V 的颗粒平面分维的计算曲线

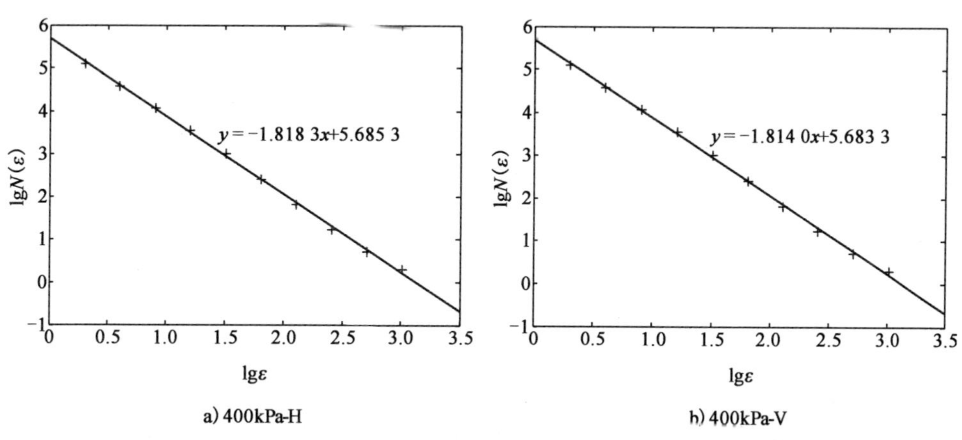

图 7-25　400kPa 试样水平截面 H 与垂直截面 V 的颗粒平面分维的计算曲线

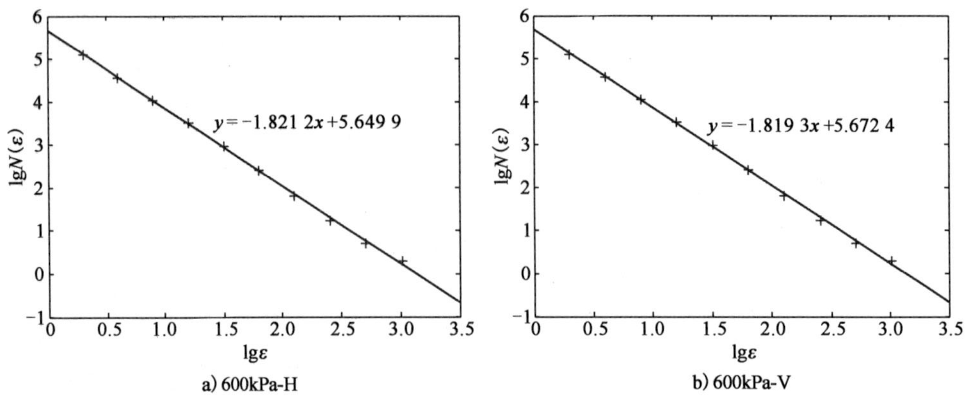

图 7-26　600kPa 试样水平截面 H 与垂直截面 V 的颗粒平面分维的计算曲线

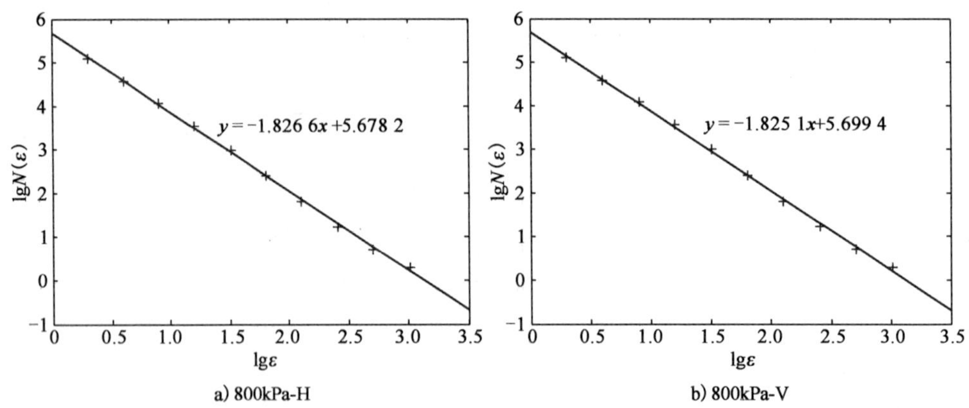

图 7-27　800kPa 试样水平截面 H 与垂直截面 V 的颗粒平面分维的计算曲线

不同固结压力下土样水平截面 H 与垂直截面 V 的颗粒平面分维统计表　　表 7-2

压力(kPa)	颗粒平面分维数	
	水平截面	垂直截面
0	1.808 4	1.801 3
25	1.812 5	1.806 7
50	1.813 7	1.808 5
75	1.816 6	1.811 5
100	1.818 8	1.815 5
125	1.819 3	1.817 3
150	1.820 5	1.818 8
200	1.815 1	1.808 0
400	1.818 3	1.814 0
600	1.821 2	1.819 3
800	1.826 6	1.825 1

由表 7-2 不同固结压力下土样水平截面 H 与垂直截面 V 的颗粒平面分维统计表得出颗粒平面分维与固结压力的关系曲线，如图 7-28 所示。

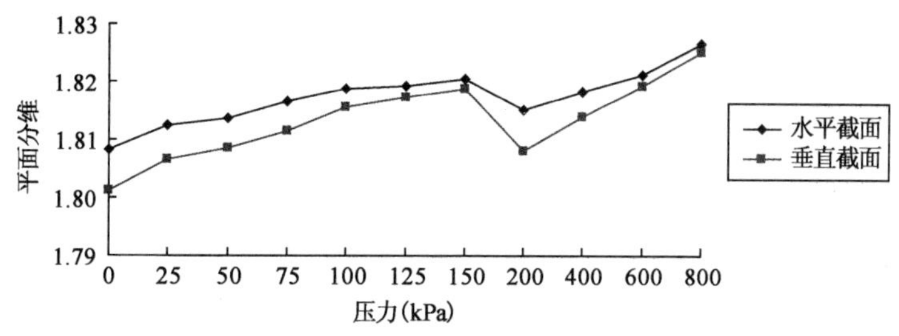

图 7-28　颗粒平面分维与固结压力的关系曲线

由图 7-28 可以看出，在荷载作用下水平截面与垂直截面上颗粒平面分维值呈现出先增大后减小在增大的趋势，且垂直截面上的颗粒分布分维值较水平截面上的颗粒分布分维值变化明显，在轴向应力 $P<150$kPa 时，随着轴向应力的增大颗粒平面分维值逐渐增大，而当 150kPa$<P<$200kPa 时，软土的颗粒平面分维值明显增大，当轴向应力 $P>200$kPa 时，颗粒的平面分维值逐渐增大。这种变化反映了当轴向应力较小时，土体中的颗粒在压力的作用下不断被压缩，小颗粒集结成大颗粒，孔隙减小，颗粒平面分维值不断增大，当轴向应力超过土体承受压力之后，土体结构发生破坏，颗粒碎裂、错动，土体结构重新构造，颗粒平面维数急剧增大，当轴向应力继续增大时，小颗粒重聚成大颗粒，颗粒平面分维值也相应地增大。

7.3.2.2　不同围压下流变破坏后的微观分维指标

(1)孔隙平面分布分维

结果显示，各围压下流变破坏后的微观图像经计算后绘制的孔隙的 $\lg\varepsilon-\lg N(\varepsilon)$ 呈明显的线性特征，如图 7-29～图 7-33 所示，这表明试样中孔隙的分布具有分形特征，平面分维的数值计算结果如表 7-3 所示。

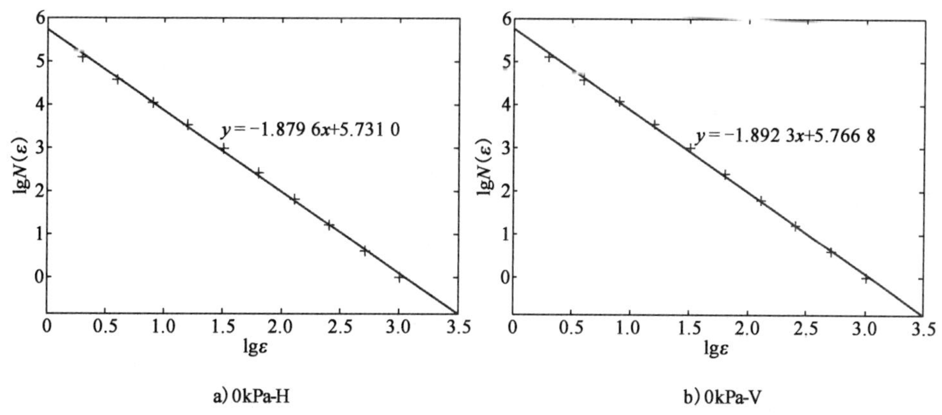

图 7-29　0kPa 试样水平截面 H 与垂直截面 V 的孔隙平面分维的计算曲线

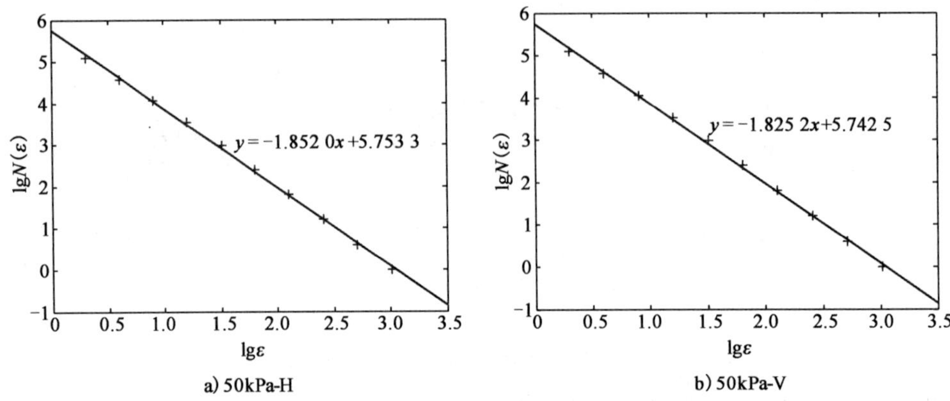

图 7-30　50kPa 试样水平截面 H 与垂直截面 V 的孔隙平面分维的计算曲线

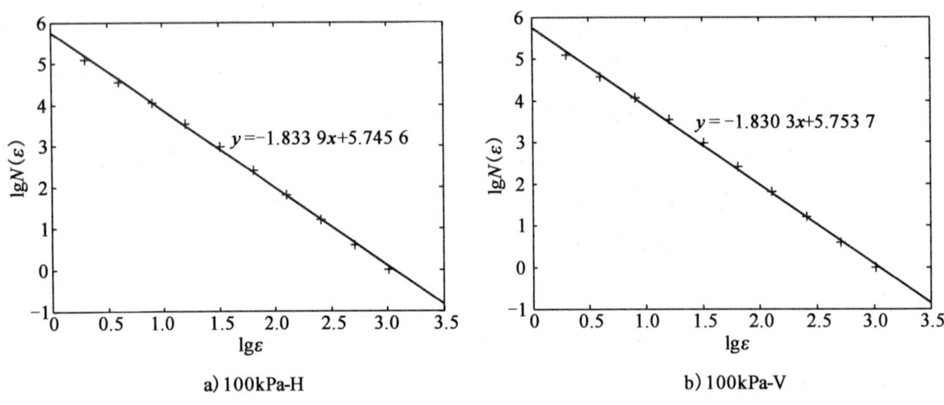

图 7-31　100kPa 试样水平截面 H 与垂直截面 V 的孔隙平面分维的计算曲线

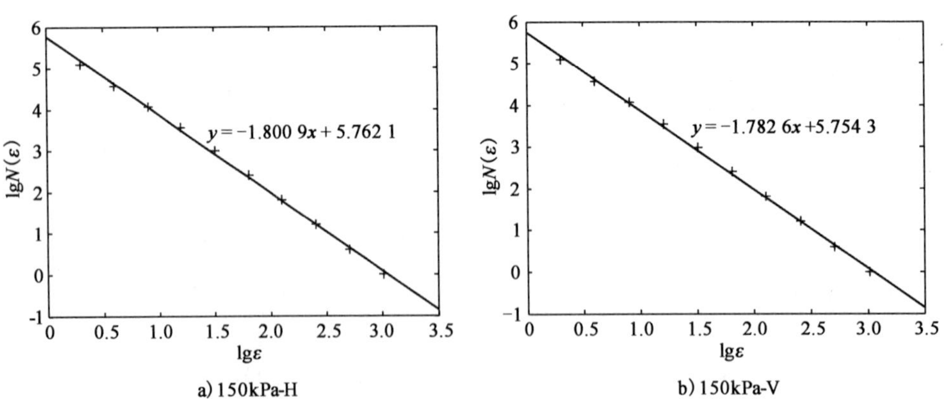

图 7-32　150kPa 试样水平截面 H 与垂直截面 V 的孔隙平面分维的计算曲线

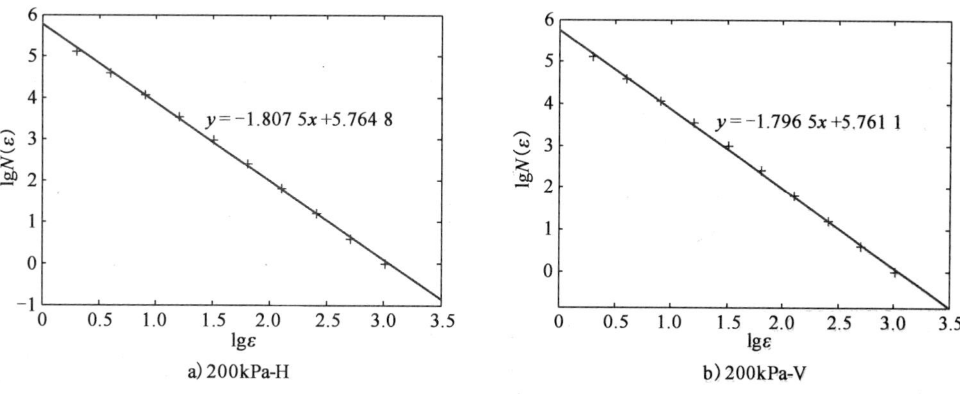

a) 200kPa-H　　b) 200kPa-V

图 7-33　200kPa 试样水平截面 H 与垂直截面 V 的孔隙平面分维的计算曲线

各围压下流变破坏后的土样水平截面 H 与垂直截面 V 的孔隙平面分维统计表　　表 7-3

围压(kPa)	孔隙平面分维数	
	水平截面	垂直截面
0	1.879 6	1.892 3
50	1.852 0	1.858 2
100	1.833 9	1.830 3
150	1.800 9	1.782 6
200	1.807 5	1.796 5

表 7-3 为对应不同围压下达到流变破坏后的土体在水平截面与垂直截面上的孔隙平面分形维值。经过各围压流变破坏后的土样在水平截面上的孔隙平面分形维数与垂直截面上的孔隙分布分维值均减小，说明土体中的孔隙在围压与偏应力的作用下，不断被压缩，孔隙平面分维值不断减小，土体的密实度增加。

(2)颗粒平面分布分维

结果显示，各围压下流变破坏后的微观图像经计算后绘制的颗粒的 lgε－lg$N$(ε)呈明显的线性特征，如图 7-34～图 7-38 所示，这表明试样中孔隙的分布具有分形特征，平面分维的数值计算结果如表 7-4 所示。

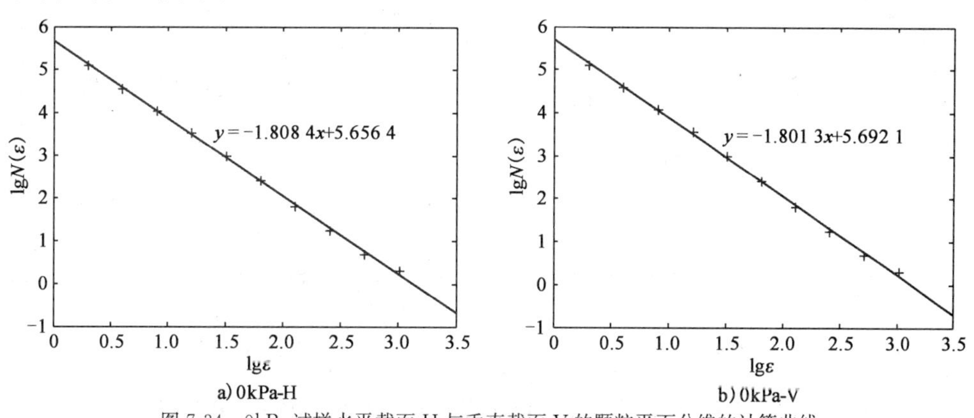

a) 0kPa-H　　b) 0kPa-V

图 7-34　0kPa 试样水平截面 H 与垂直截面 V 的颗粒平面分维的计算曲线

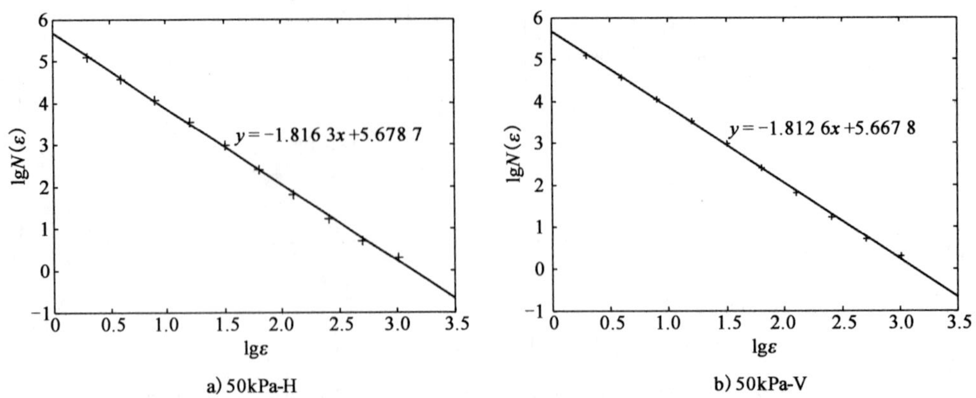

a) 50kPa-H　　b) 50kPa-V

图 7-35　50kPa 试样水平截面 H 与垂直截面 V 的颗粒平面分维的计算曲线

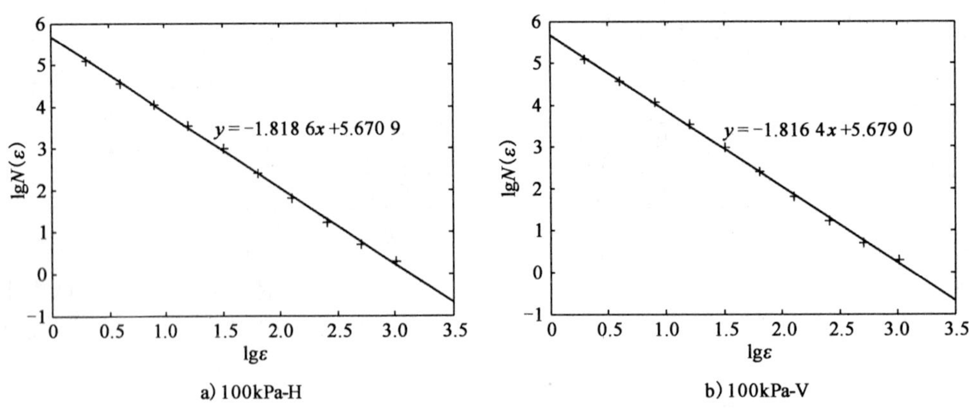

a) 100kPa-H　　b) 100kPa-V

图 7-36　100kPa 试样水平截面 H 与垂直截面 V 的颗粒平面分维的计算曲线

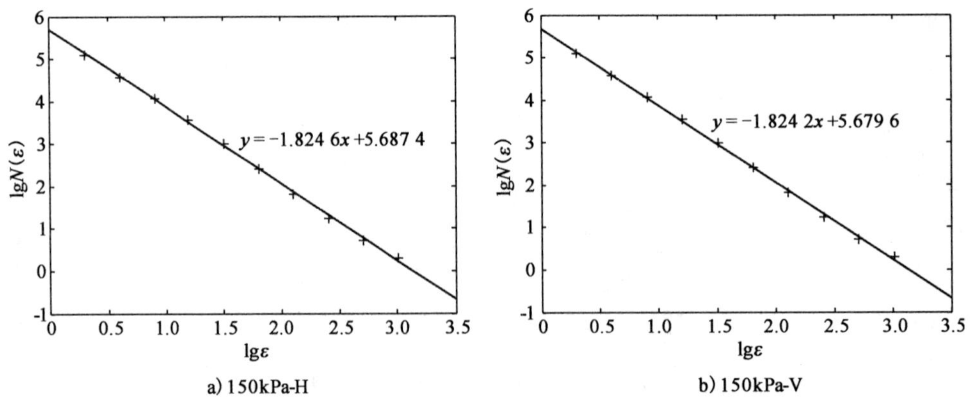

a) 150kPa-H　　b) 150kPa-V

图 7-37　150kPa 试样水平截面 H 与垂直截面 V 的颗粒平面分维的计算曲线

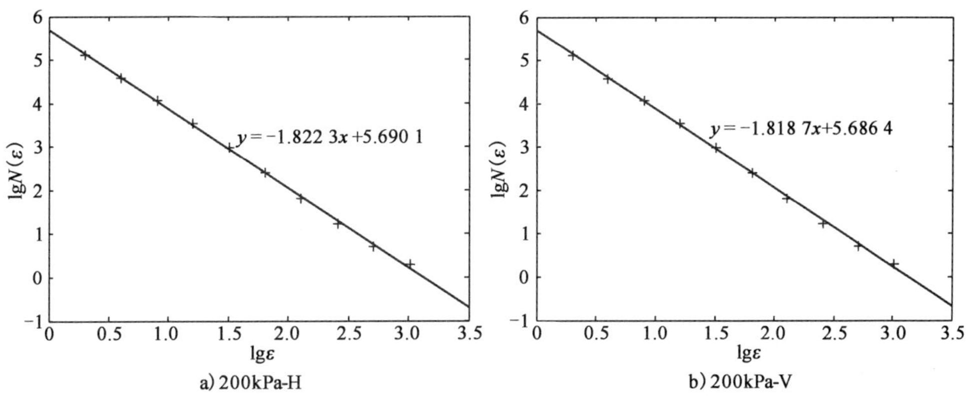

图 7-38　200kPa 试样水平截面 H 与垂直截面 V 的颗粒平面分维的计算曲线

各围压下流变破坏后的土样水平截面 H 与垂直截面 V 的颗粒平面分维统计表　　表 7-4

围压(kPa)	颗粒平面分维数	
	水平截面	垂直截面
0	1.808 4	1.801 3
50	1.816 3	1.812 6
100	1.818 6	1.816 4
150	1.824 6	1.824 2
200	1.822 3	1.818 7

表 7-4 为对应不同围压下流变破坏后的土体在水平截面与垂直截面上的颗粒平面分形分维值。经过各围压流变后的土样在水平截面上的孔隙平面分形维数与垂直截面上的颗粒分布分维值均增大，说明土体中的颗粒在压力的作用下不断被压缩，小颗粒集结成大颗粒，孔隙减小，颗粒平面分维值不断增大，表现为土体的密实度增大。

7.4　本章小结

从以上分析可以得出：

(1)由 lgε－lg$N$(ε)曲线可知，湿地湖泊相软土的微观结构具有分形特征。

(2)与经过不同压力试验的土样相比，未加压土样的孔隙平面分维计算结果较大，颗粒的平面分维较小，证明土样越松散，孔隙平面分维的数值越大，土体的密实度越小。

(3)不同固结压力下试样的孔隙平面分维与加压之前相比，加压后的孔隙平面分维值减小，颗粒的平面分维增大，且随着压力的增大孔隙的平面分维越来越小，颗粒平面分维越来越大，表明孔隙的分布面积减小，结构单元体之间排列紧密，加压后由于土的压缩，土颗粒相互靠拢、相互镶嵌，造成土颗粒间距减小。流变作用其实就是一个压缩的过程，孔隙的平面分维变化与固结作用下的孔隙平面分维的变化相同。

第8章 PFC接触本构模型及模型验证

8.1 引言

颗粒流程序是一种离散元法，离散元方法是基于1979年Cundall提出的理论作为基础的，可以做颗粒材料力学性质剖析方面的应用，如颗粒团粒体的稳定、变形特征及本构关系。它以球形离散单元作为单位来模拟颗粒介质的活动及其相互之间的作用，由平移和转动方程计算颗粒的方位和速率。颗粒流程序是分析颗粒材料特征的一种方法，它运用颇具代表的数以百计至数以万计的颗粒单元，通过仿真模拟试验可以得到颗粒这种介质的本构关系。本章先介绍颗粒流程序PFC的基本理论及特点，然后介绍PFC中内置的接触本构模型，为后续使用PFC对试验进行数值模拟提供理论依据。

PFC模型验证就是使用PFC中内置的接触本构模型进行数值模拟并对模拟结果与室内土工试验的结果进行分析对比的过程，本章中使用PFC内置接触本构模型主要对标准固结试验和常规三轴试验进行模拟。给定材料的大部分力学性质可通过对材料进行一系列的试验来确定，对这些试验进行数值分析(利用试验得到的力学性质参数)反过来又是为了仿真模拟在实验室进行的试验。数值模拟可以用来估测弹性和塑性材料的反应，必要的PFC^{3D}模拟试验的过程描述如下，PFC提供了支持程序的FISH功能和模拟过程描述，通过改变PFC^{3D}微观特性来使一系列不同材料的试验得以运行。

8.2 颗粒流程序PFC

8.2.1 颗粒流程序PFC的特性

PFC是利用离散单元法[116](DEM:1979年由Cundall和Strack提出)模拟球形颗粒的运动和相互作用的软件。它最早是被用来模拟颗粒材料的行为，对包含有几百个颗粒的代表单元做过数值测试。颗粒模型被用来代表单元的行为(条件是统一的)，而连续的方法则被用来解决真实的具有复杂变形模式的问题。两个事实给这种近似带来了变化：首先，对于颗粒集合体而言，从测试结果中得到本构关系定律是非常困难的；其次，随着电子计算机运算速度及存储量的飞速发展，使得利用大量颗粒模拟整个问题成为可能，本构关系则自动在模型中体现出来了。PFC旨在成为可以解决固体力学和颗粒流的一种行之有效的工具。

PFC可以用来模拟易碎的“固体”，即把每个颗粒与它周围的颗粒黏结起来，得到的集合体就可以被看作“固体”，它具有弹性而且当键在加工过程中被损坏时能够“断裂”。颗粒流程序 PFC 包括大量的逻辑供用户使用，它们可被当作是相接触的粒子的一个大软件包来模拟“固体”。“固体”可以是各向同性的，也可能被分割成不同的区域或块。这种系统也可由离散元程序 UDEC(Itasca2004)和 3DEC(Itasca2003)模拟，但是它们多用来模拟连续块体。然而，PFC 拥有以下三个优势：①它具有潜在的便捷性，因为判断圆形物体是否接触比判断带角物体的接触容易的多；②本质上 PFC 对物体的位移没有限制，即其可以任意大位移移动；③不像 UDEC(Itasca2004)和 3DEC(Itasca2003)中那样，在 PFC 中块体可以破裂(因为它们之间是由键黏合而成的)。PFC 在模拟块体系统中的缺点是块体的边界不平坦，那么以 PFC 的优点作为交换，用户只能接受不平坦的边界。

PFC 可模拟任何尺寸的圆形颗粒的集合体。一个颗粒生成器可以自动生成指定分布的颗粒群。颗粒群可以是统一的，也可以服从高斯分布。特别地，初始的孔隙率很高，但是通过控制颗粒半径的扩张也可以得到密集。用户可以在任一步骤改变原有的半径，因此无须反复试验就可以得到指定的孔隙率了。性质与单个颗粒或接触息息相关，因此，用户要指定连续顺序的性质或半径。“节理生成器”用来修改沿着指定线接触的性质，当然假定他们在颗粒集合体上是有层次的，这样模型可能会被弱面的设置穿越。颗粒的颜色被看作是一种性质，使用者可以直接确定颜色标记。

用户可选择的特性[117](热量分析，流体分析，并行处理和 C++编程，用户可以通过 C++程序创建自己需要的基础模型)可以作为 PFC 的额外价值。

热力分析选项：可以模拟材料中短暂的热流和随后位移和力的发展趋势。热力模型可以独立运行也可以耦合在力学模型之中。热力张力通过改变颗粒的半径得到，平行键上承载的力来说明颗粒和结合键的热量。

流体分析选项：允许用户模拟流固耦合问题。该模式在欧拉坐标系下数值求解连续和动量方程，然后得到考虑单元内小球存在时的压力和速度。由流体产生的驱动力施加于小球之上。

用户自行编写的 C++选项：允许用户自己编写程序，从而创建私人版本的 PFC。该选项可以用来取代 FISH 方程。Visual C++ Version 7.1 版本编译器可以被使用做这项工作。

并行处理版本：PFC 也是一个可供选择的选项。并行版本允许用户把一个 PFC 模型分解成几部分，而分别在各自的处理器上运算。这实质提高了存储能力和计算速度比单个处理器快的多。在并行处理选项中，MPI(消息传递接口)也可以被执行，它允许与 AC/DC 逻辑或者用户自己编写的 C++程序进行通信。用户定义接触构建模型可以用 C++编写，并像 DLL 文件一样编译，任何需要的时候用户都可以调用它。

8.2.2 PFC 内置接触本构模型

在 PFC 中，颗粒材料的应力应变关系是基于接触本构模型进行阐述的。除了接触模型，也可能是一个平行键和一个缓冲器来模拟，这三个组件在整体上定义了接触力一位移行为。PFC 提供了两种标准的接触模型(线性和赫兹)和几种可供选择的接触模型。标准接触模型：默认情况下，根据两个接触体(颗粒接触或颗粒与墙接触)的特性，接触被线性或赫兹模型指定。线性模型包括接触黏结行为(即线性模型可能有黏结或无黏结，当黏结时表现为接触黏结)。平行黏结行为是通过在接触上增加一个并联的组件实现接触,这个组件的行为在接触中平行于其他组件。

(1)线性模型

线性模型通过滑动行为、一个可选的接触黏结行为和刚度常数来设置。用线性接触模型可以将一个平行黏结元件添加到接触中。接触刚度是由法向刚度和剪切刚度定义的,即两个接触体(颗粒接触或颗粒与墙的接触)的 k_n 和 k_s(力/位移)。这些参数被 PROPERTY 命令中的 k_n 和 k_s 关键词指定。

(2)赫兹模型

Hertz-Mindlin 接触模型是 Mindlin&Deresiewich 和 Cundall 近似得出的一种非线性接触模型。它只能严格用于颗粒体接触,而且不能再现剪切过程中的连续非线性行为(特别使用初始剪切模量时)。赫兹模型由两个接触球体的参数剪切模量 G 和泊松比 v 来定义。该模型不适用于采用接触连接的两球体的接触,因为这种模型没有定义球体承受张力的情况。对于颗粒与颗粒相互接触,其弹性常数为平均值,对于颗粒与墙体接触,假定墙为刚性,所以直接取球的弹性常数。

(3)连接模型

相互接触的颗粒是被 PFC 模型所允许连接在一起。PFC 中有两种连接模型:接触连接模型和平行连接模型。接触连接假设连接只发生在接触点非常小的一个范围内,但是平行连接却发生在接触颗粒间圆形区域或方形区域的有限范围内。接触连接只能传递力,而平行连接可以同时传递力和力矩。两种类型的接触可以在同一时刻存在,直到应力高于接触强度。连接模型仅仅是颗粒之间的连接,颗粒与墙之间的连接不可以运用连接模型。

这三种接触本构模型的详细描述参见 PFC 的英文手册。

8.3 模型验证

8.3.1 常规三轴试验

对邢衡高速路基软土土样进行了常规三轴试验并对试验结果进行了分析,试验中分别对土样进行围压为 100kPa、200kPa、300kPa、400kPa 的压缩试验,并得到应力应变曲线。本节中使用常规三轴试验数据结果作为颗粒流程序 PFC 的仿真模拟对象,最后对仿真结果和试验实测的应力应变曲线,即$(\sigma_1-\sigma_3)-\varepsilon$ 曲线进行对比分析。

8.3.1.1 PFC 模型[118]

PFC^{3D}中土体材料的样品描绘成球形颗粒的组合体。下面的描述用局限在一个圆柱体中的颗粒试样模拟三轴试验(试样由压实的颗粒集合组成)。顶部和底部约束模拟加载滚筒,圆柱形侧墙模拟作用在试样周围的约束。通过指定顶部和底部约束速度来对样品采用应变控制的方式进行加载。在测试的各个阶段中,通过数值伺服机制(通过 FISH 函数执行)对圆柱形侧墙的约束进行自动控制。通过综合所受的力决定样品产生的应力应变。使用历史逻辑记录各种应力应变大小从而计算土体材料的反应。

8.3.1.2　样品制备

可以使用PFC中所介绍的任何一种颗粒制作方法来制作所需样品。对于本例采用的是扩展半径的变更制作方法，该方法中指定了颗粒尺寸范围（从最小半径 r_{lo} 到最大半径 r_{hi}）、空隙特性（孔隙度）和样品尺寸（圆柱体底面半径和高）。数据文件通过FISH函数assemble来实施方法，这就确定了满足上述规格的颗粒的数量。用于对样品进行限制和加载的侧向约束要比试验过程中允许发生大变形的必须约束略长。让侧向约束和上下底面约束彼此相交不难，因为约束只对颗粒产生作用，而对其他约束没有影响。经初步压实后，为了模拟"软弱"限制，使得约束拥有的刚度是颗粒刚度的十分之一。图8-1显示了由上述过程创建的初始的颗粒组合体。在这种情况下，样品的高宽比为2∶1，且样品包含了2 574个半径范围0.075～0.100m的颗粒。此例中使用的作用力、长度和时间的单位分别为N、m和s。所以，下列物理量在PFC中的单位为：密度：kg/m³；颗粒刚度：N/m；平行键连接刚度：N/m³；接触连接强度：N；平行键连接强度：N/m²。

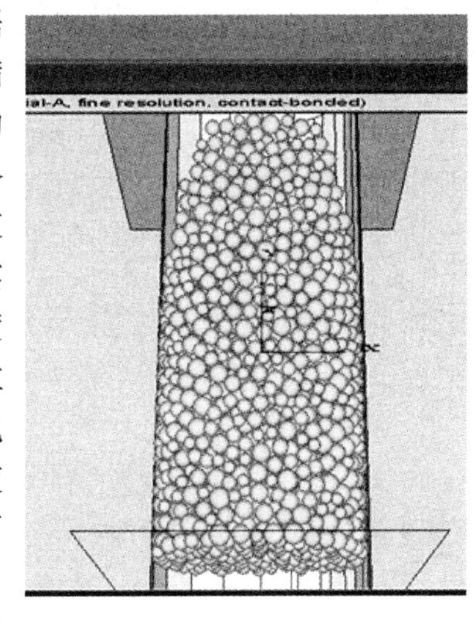

图8-1　颗粒试样

8.3.1.3　应力状态的计算与控制

继续执行数据文件对试验过程中样品应力状态的计算与控制。通过指定顶部和底部的边界约束速度对样品进行加载。通过FISH函数get_ss确定样品的应力应变状态。用作用在每套反向边界约束上的平均应力来计算样品应力，其中通过将作用在边界约束上的合力除以合适的样品面积来计算出每个边界约束的应力。用下列关系计算轴向和径向上的应变：

$$\varepsilon = \frac{L - L_0}{\frac{1}{2}(L_0 + L)} \tag{8-1}$$

式中：L 为相应方向上的样品当前长度；L_0 为该方向上样品原始长度。

在整个加载过程中，通过用数值伺服机制调整侧向约束的速度来使得约束应力保持常数，而该伺服机制通过FISH函数servo和get_gain来执行。每周期调入一次伺服函数。调入函数get_ss来确定应力并用数值伺服控制方式来调节约束速度，从而减少测量所得的应力与需求应力之间的差异。Y 伺服变量就像一个开关，如果该值为零，则伺服控制对顶部和底部约束就不会产生影响。伺服机制执行下列算法。

边界约束的速度等式为：

$$u^{(\dot{w})} = G(\sigma^{\text{measured}} - \sigma^{\text{required}}) = G\Delta\sigma \tag{8-2}$$

式中：G 为通过FISH函数get_gain用下列推导估测的"增量"参数。

在一个时步内由约束运动引起的约束力的最大增量为：

$$\Delta F^{(w)} = k_n^{(w)} N_c u^{(\dot{w})} \Delta t \tag{8-3}$$

式中：N_c 为边界约束上接触面的数量；$k_n^{(w)}$ 为这些接触面的平均刚度。因此，平均约束应力的该变量为：

$$\Delta\sigma^{(w)} = \frac{k_n^{(w)} N_c u^{(\dot{w})} \Delta t}{A} \tag{8-4}$$

式中：A 为约束区域。为了保持稳定，约束应力变量的绝对值必须小于测量值与需求值之间的差值。在实践中，使用放大系数就使得稳定需求变为下列表达式：

$$|\Delta\sigma^{(w)}| < \alpha |\Delta\sigma| \tag{8-5}$$

将式(8-2)和式(8-4)代入式(8-5)得：

$$\frac{k_n^{(w)} N_c G |\Delta\sigma| \Delta t}{A} < \alpha |\Delta\sigma| \tag{8-6}$$

然后通过下式来确定增量：

$$G = \frac{\alpha A}{k_n^{(w)} N_c \Delta t} \tag{8-7}$$

使用接触值描述相关约束，且根据式(8-7)依次估计 G 值。

数据文件中，需求应力均设为 1MPa，且关闭伺服机制，并且将 Y 伺服设为 1，使调入重复功能来继续循环，递增循环 100 次，直到获得指定偏差范围内的需求应力。在这种情况下，在 1 900 次循环后应力收敛于 1MPa 的 0.5%范围内。

8.3.1.4 在每个试验中检测模型

样品现在可以通过设置伺服开关 z_servo 伺服为 0(使顶部和底部压盘摆脱伺服控制)进行检测，并指定顶部和底部压盘的速度。在每次试验中，伺服控制保持为恒定围压为所要求的数值。在数据文件中为即将进行的一系列测试准备模型，通过设定伺服参数为 0，并提供了一个函数 accel_platens，以控制方式提升压盘顶部和底部的速度，并确定了以下变量：conf 为平均侧限应力(通过伺服控制保持为常数)；devi 为轴向偏应力；deax 为轴向应变；devol 为体积应变。

邢衡高速地处湿地湖泊相软土地区，土样来源于邢衡高速路基的高压缩性软土，各项参数如表 8-1 所示。

土样力学性质参数 表 8-1

取土深度(m)	密度(g/cm^3)	比重	含水率(%)	重度(kN/m^3)	孔隙比	孔隙率(%)	饱和度
8.80～9.00	1.99	2.272	29.75	19.9	0.773	43.6	1.05

常规三轴试验的数值模拟中采用的连接方式是接触连接，模型中对应围压 100kPa、200kPa、300kPa、400kPa 的摩擦系数分别为 0.17、0.2、0.22、0.23。模型所取其他参数如表 8-2所示。

颗 粒 试 样 参 数　　表 8-2

模型	试样高度(mm)	接触刚度(N/m)	颗粒刚度比	弹性模量(MPa)	黏结强度(N)	密度(kg/m^3)	最小粒径(mm)	最大粒径(mm)	最初孔隙率
颗粒试样	80	0.311×10^7	1.5	2.5	1.77×10^5	1 400	0.75	1.0	0.46

8.3.1.5　曲线拟合

通过上述数值模拟过程得出了四种围压下的应力应变曲线，即$(\sigma_1-\sigma_3)-\varepsilon$曲线的对比图，如图 8-2～图 8-5 所示。

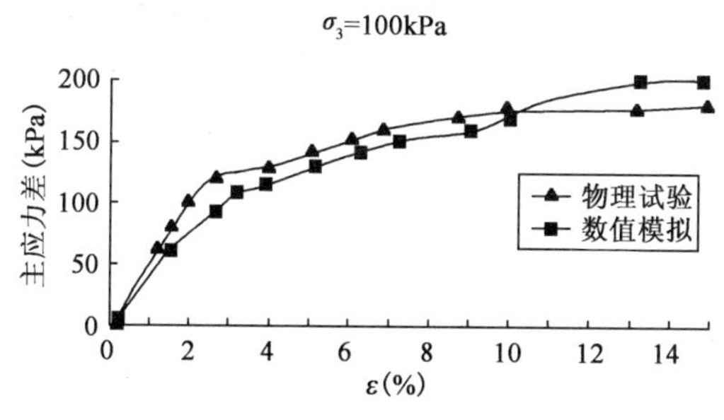

图 8-2　围压为 100kPa 的应力应变曲线

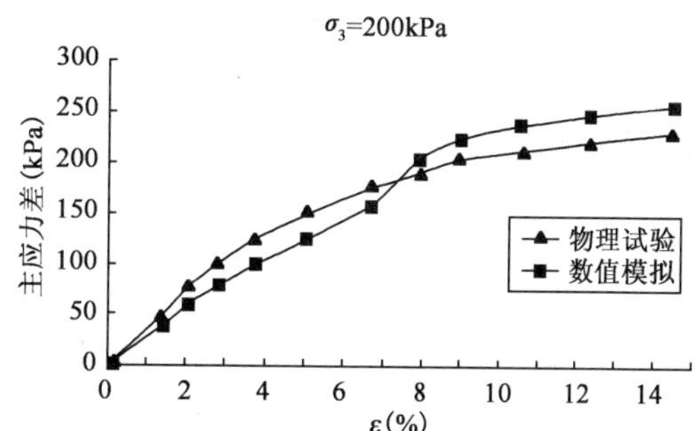

图 8-3　围压为 200kPa 的应力应变曲线

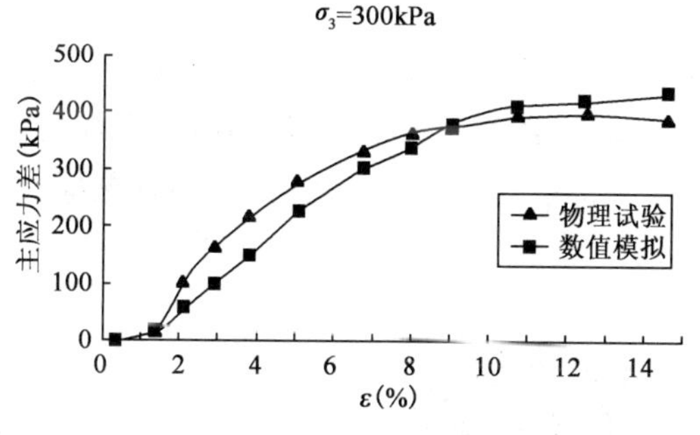

图 8-4　围压为 300kPa 的应力应变曲线

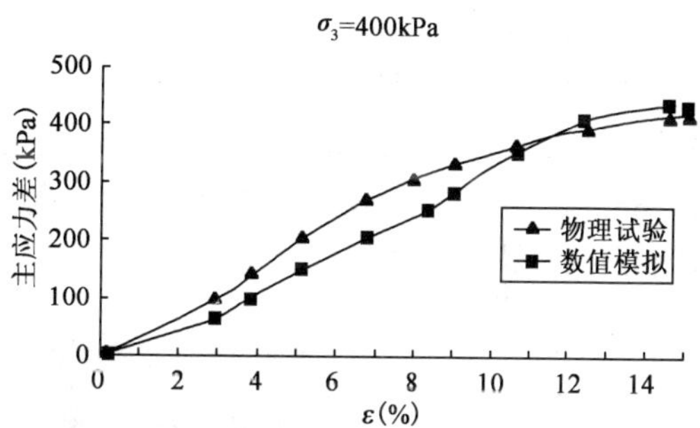

图 8-5　围压为 400kPa 的应力应变曲线

由图 8-2 看出，围压为 100kPa 的应力应变曲线的数值仿真模拟结果与实际试验的实测值结果较为一致。但由图 8-3～图 8-5 看出，围压分别为 200kPa、300kPa、400kPa 应力应变曲线的数值模拟结果与实际试验的结果偏差较大，没有取得较为理想的仿真结果，颗粒流试样不能够准确地反映出土样的实际力学特性。分析其原因可以发现：一是由图上可以看出实际土样的初始强度较大，这种现象是由于软土试样内部的微结构特性造成的，而颗粒流试样在此仅采用了比较单一的球形颗粒模拟整个结构，因此无法揭示软土试样内部真实的微观结构；二是在模拟过程中没有考虑流固耦合问题，颗粒流试样得出的应以应变曲线其实是有效应力和应变的关系，并没有考虑孔压、排水边界条件等因素对试样的影响，导致颗粒流试样在接近屈服应力时强度偏低；三是本章的数值模拟过程使用的是 PFC 的 fishtank 数据库中的数据文件来进行的，数据文件中使用的连接方式是比较简单的接触黏结。

针对颗粒流试样数值模拟的不足来分析:①在数值模拟过程中,设想如果将球形颗粒组合成不同形状的团粒,这样能够更进一步揭示真实土体试样内部复杂的微结构特性,以期能够得到更为理想的模拟结果;②如果在PFC试样中加入流体,采用流固耦合的方法进行数值模拟试验,会更接近于实际土样的力学性质;③如果在后续研究中应用PFC提供的用户自定义接触本构模型接口引入更适合软土的本构模型,有望得到更为理想的结果。

8.3.2 标准固结试验

试验中使用杠杆式高压固结仪,圆柱体土样面积30cm^2,高度2cm。试验时土样侧面被金属环刀和刚性护环所限制,故土样在压力作用下只能在竖向产生压缩,而不会产生侧向变形,即在侧限条件下的荷载施加均是在前一级荷载下压缩达到稳定后施加的,但所谓稳定是相对的,每级压力下持续24h为压缩稳定标准。测量并记录试样高度变化后,即可施加下级压力,依次逐级加荷至试验结束。荷载等级分为25kPa、50kPa、75kPa、100kPa、125kPa、150kPa、200kPa、400kPa、600kPa、800kPa,共10级。

8.3.2.1 赫兹模型数值模拟

以下数值模拟过程中选用的颗粒间接触模型是PFC内置模型中的赫兹模型。

(1)模型建立

通过对一个圆柱体颗粒样品的各面进行边界约束模拟标准固结试验,顶面墙体的约束模拟施加的荷载,圆柱体侧墙的约束模拟对样品四周施加的限制。

(2)颗粒制备

创建圆柱面侧墙(编号为1)和上下两个底面墙(编号分别为5、6),形成一个圆柱体样品,并指定样品的底面半径和高度。在圆柱体范围内用扩大粒径的方式生成球体颗粒,颗粒数量为2 382个,颗粒半径服从均匀分布,同时指定初始孔隙率。颗粒间的接触方式为赫兹模型,如图8-6所示。

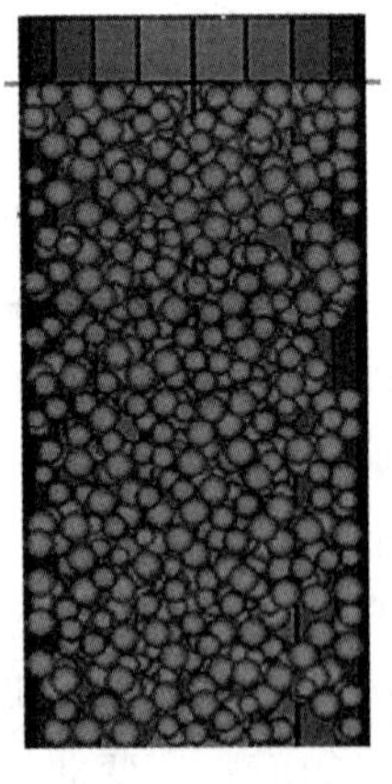

a)颗粒试样加载前

b)颗粒试样加载后

图8-6 颗粒试样(赫兹模型)

(3)参数选择

使用 Hertz-Mindlin 模型模拟的数值试样的基本力学参数的选择如表 8-3 所示。

Hertz-Mindlin 模型的数值模拟试样参数　　表 8-3

模型	接触刚度(N/m)	剪切模量(Pa)	泊松比	最小粒径(mm)	最大粒径(mm)	摩擦系数	最初孔隙率
颗粒试样	0.321×10^7	0.8×10^8	0.25	0.75	1.0	0.5	0.47

(4)加载过程

保持侧面墙体位置不变,指定顶面墙体的移动速度对样品进行加载,通过伺服机制调整顶面墙体的速度,并对样品的应力应变状态进行计算与控制。每周期调入一次伺服函数,用数值伺服控制方式来调节约束速度,从而减少测量所得的应力与需求应力之间的差异。伺服变量 Y 就像一个开关,如果值为 0,则伺服控制对顶部约束就不会产生影响;如果值为 1,使用调入重复功能继续循环,直到指定偏差范围内的需求应力。

(5)数据监测

孔隙率的计算:在生成的颗粒中建立 10 个测量圈,取其孔隙率的平均值为试样的孔隙率。通过作用在每套反向边界约束上的平均应力来计算样品应力。应力由墙体和颗粒接触力的总和除以墙体和颗粒的接触面积,即颗粒试样的侧面面积和底面面积来计算。本试样中无径向应力。应变是由不同应力情况下 5 号墙体的位移与原试样高度的比值来计算。

(6)曲线拟合

本文以软土的标准固结试验为模拟对象,通过以赫兹模型为接触模型进行数值模拟得出了 $e-p$ 曲线,应力应变曲线,分别如图 8-7 和图 8-8 所示。

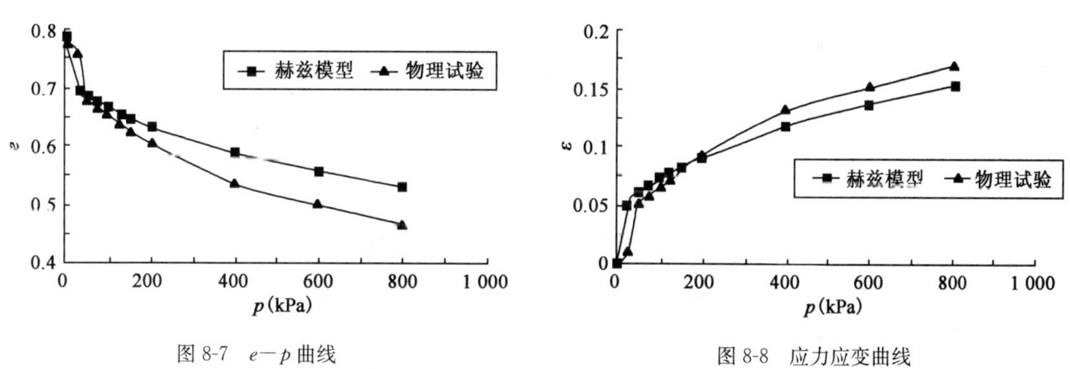

图 8-7　$e-p$ 曲线　　　图 8-8　应力应变曲线

将数值模拟结果曲线与实际试验实测曲线进行对比,可以看出从曲线的整体变化趋势上两条曲线较为一致。从 $e-p$ 曲线看,平行黏结模型模拟结果除第一级荷载与物理实测值有差异外其他基本一致。从应力应变曲线看,平行黏结模型除第一级荷载和最后一级荷载的应变高于物理试验外,其他荷载所对应的应变均略低于物理试验结果。

8.3.2.2　平行连接模型

以下数值模拟过程中选用的颗粒间接触模型是 PFC 内置模型中的平行连接模型。

(1)模型建立

与上述赫兹模型的建模过程以及颗粒制备相同，由于参数选择的不同，加载后的颗粒试样不同，加载前和加载后的颗粒试样如图 8-9 所示。

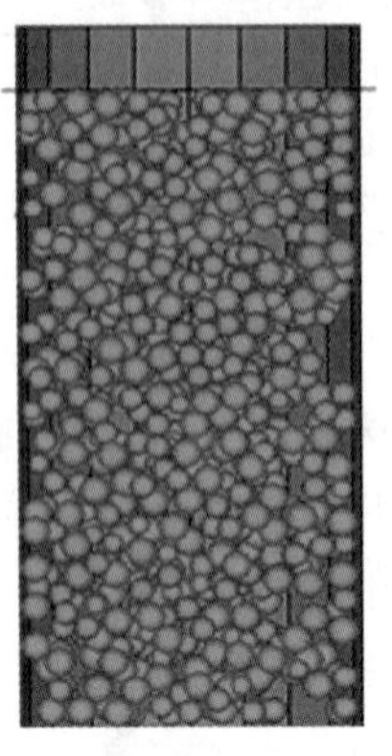

a)颗粒试样加载前

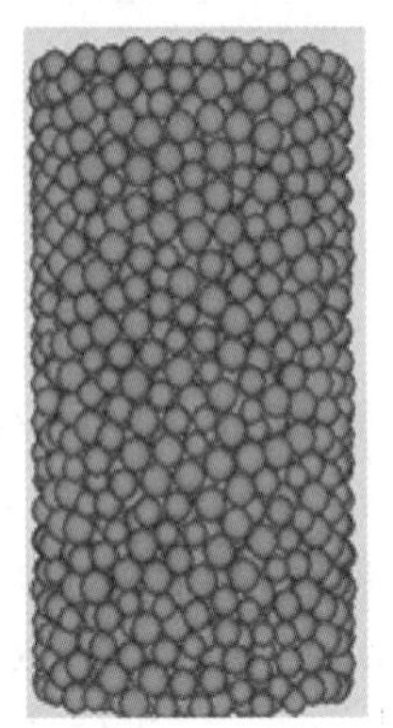

b)颗粒试样加载后

图 8-9　颗粒试样(平行连接模型)

(2)参数选择

使用平行连接模型模拟出的数值试样的基本力学参数的选择如表 8-4 所示。

平行黏结模型的数值模拟试样参数　　表 8-4

模型	接触刚度(N/m)	平行黏结刚度(N/m)	平行黏结强度(N)	最小粒径(mm)	最大粒径(mm)	摩擦系数	最初孔隙率
颗粒试样	0.311×10^{7}	1.0×10^{8}	1.0×10^{9}	0.75	1.0	0.7	0.46

(3)加载过程和数据监测

加载过程的使用方法和数据监测的过程与赫兹模型的模拟过程相同。

(4)曲线拟合

本文以软土的标准固结试验为模拟对象，通过以赫兹模型为接触模型进行数值模拟得出了 $e-p$ 曲线和应力应变曲线，分别如图 8-10 和图 8-11 所示。

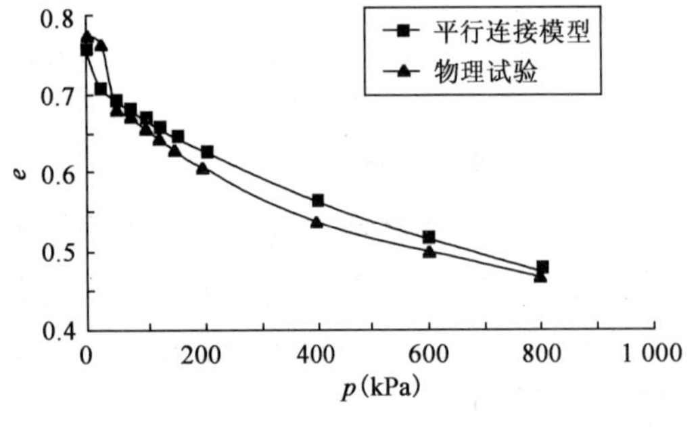

图 8-10　$e-p$ 曲线

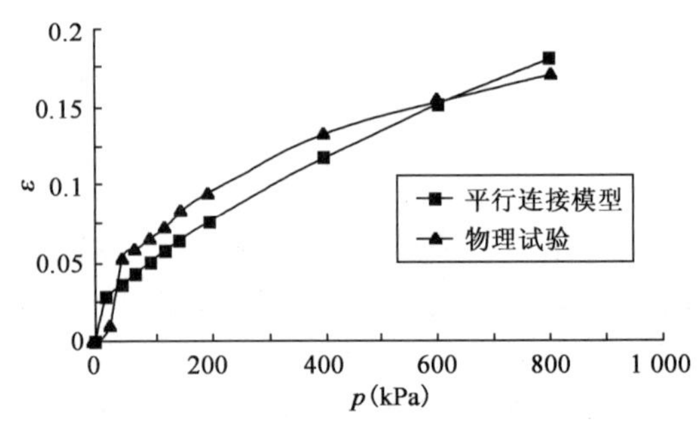

图 8-11　应力应变曲线

将数值模拟结果曲线与实际试验实测曲线进行对比，可以看出从曲线的整体变化趋势上两条曲线较为一致。从 $e-p$ 曲线看，Hertz-Mindlin 模型模拟结果在曲线前半段低于实测值，后半段高于实测值。从应力应变曲线看，Hertz-Mindlin 模型第一个应变值高于物理试验，最后三级荷载的应变值低于物理试验，其余拟合良好。

8.4 本章小结

本章中运用颗粒流程序 PFC 对标准固结试验和常规三轴试验进行了数值模拟，得出了应力应变曲线，通过将数值模拟结果与实测试验结果对比得到以下结论：

(1)PFC 内置接触本构模型都能够在一定程度上反映出实际土样的本构关系。

(2)物理试验在操作过程中由于仪器和试验条件等因素有一定的误差，导致数值模拟结果与实测曲线的偏差。

(3)由于本章中没有考虑流固耦合，颗粒流试样得出的应力应变关系就是有效应力与应变的关系，说明没有考虑排水条件的颗粒流试样不能很好地反映物理试样的试验结果。

(4)由于本章中的数值模拟过程中所使用的接触本构模型为线性连接模型，不能很好地反映出软土宏观的变形机理，所以还有待进一步改进本构模型。

第9章 软土微结构本构模型

9.1 引言

考虑土体材料是由微观的接触模型构成，颗粒间的接触力学特性决定土壤材料的力学性能。进而，通过由微观到宏观的转化可以得到土体宏观的应力应变关系。本章所建立的本构模型与PFC程序中的本构模型不同，我们不知道在整个粒子装配中每个粒子的几何变化，只知道收集全部颗粒的微观系统的变化。换句话说，基于数理统计的方法得到材料的微结构分布特征。因此，模型所涉及的微观结构分布特性能够表示整个颗粒集合体的特性，可以不考虑和计算单个颗粒或每个土体单元的力和位移关系，这样就大大使此模型中的数学结构简化了很多，相比离散元法在计算上节约了很多时间。因此，笔者认为基于统计物理概念的微观接触模型可以较好地考虑微结构及其变化，具有一定的实际应用价值，在土力学的应用研究中是一个很好的选择。

9.2 微结构弹塑性本构模型的建立

本章中邢衡高速路基软土的微结构本构模型是在Chang&Hicher粒状材料的微结构弹塑性本构模型的基础上建立的。假设软土颗粒接触面上的力学特性服从摩尔库伦塑性屈服准则，用锥状屈服面反映其硬化、剪胀剪缩特性，弹性特性符合Hertz-Mindlin弹性法则，并应用静态的“优化假设方法”将颗粒接触面上发生的微观变形转化到宏观应变的概念上来。而微观的接触力到宏观的应力是通过能量守恒的方法获得。最后通过标准固结试验和常规三轴试验的试验结果即应力应变关系对本章所建立的本构模型进行了验证。

9.2.1 软土颗粒接触面模型

黏土的组成成分包括高岭石、伊利石、蒙脱石等，不同类型软弱黏性土的颗粒尺寸和厚度在一定幅度范围内变化。颗粒之间存在物理化学的联结和范德华力等相互作用。在颗粒彼此相互作用下，黏土颗粒由单粒结构形成黏土团粒。由SEM实验结果可以看出，邢衡高速路基软土原状土多为叠片状结构，示意图如图9-1所示。

本文试图建立一个更适合软土的微结构弹塑性本构模型，首先针对模型作出以下假设：①软土颗粒为刚塑性体；②软土颗粒的接触点是均匀分布的，软土变形是颗粒接触点变形的总和；③假设所有颗粒为直径相等的球体，两个颗粒相互接触时，变形仅仅发生在它们的接触面上；④通过能量平衡的方法实现微观到宏观的转换，也就是说宏观的应力、应变关系与接触面上各个方向上的力和位移关系相等；⑤颗粒接触面上的弹性本构特征服从赫兹麦德林法则，塑性本构特征服从摩尔库法则。

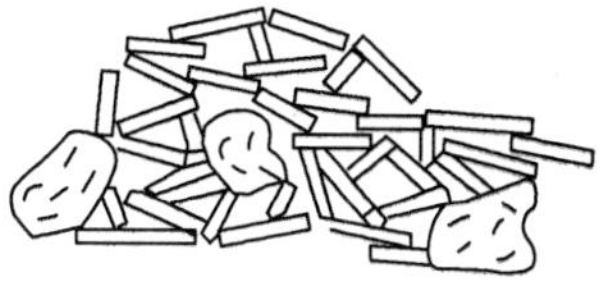

图 9-1　层叠片示意图

9.2.2　弹性本构特征

两个软土颗粒最初接触的时候是在一个点或者一条线上。它们在微小荷载的作用下发生变形，变形发生在接触点附近一个有限的区域内，这个区域相对软土颗粒本身的尺寸很小。在建立微结构本构模型时首先假设一个接触理论来预测接触区的形状。为了建立数学模型，首先假设任意两个颗粒之间的接触面是由垂直于这个平面的一组向量定义的，如图 9-2 所示。

弹性部分应力应变关系为：

$$f_i^{ae} = k_i^{ae}\delta_i^{ae} \tag{9-1}$$

式中：k_i^{ae} 为颗粒之间的弹性接触刚度，上标 e 表示弹性，上标 a 的取值从 1 到 n，n 为接触点的个数，每个接触点有 f_n、f_s、f_t 三个方向的接触力，和 δ_n、δ_s、δ_t 三个方向的位移。

弹性接触刚度 k_i^{ae} 与接触面上的法向接触刚度 k_n^{ae} 和切向接触刚度 k_r^{ae} 的关系如下式所示：

$$k_i^{ae} = k_n^{ae} n_i^a n_j^a + k_r^{ae}(s_i^a s_j^a + t_i^a t_j^a) \tag{9-2}$$

式中：n、s、t 为图 9-3 局部坐标系中三个垂直正交的单位向量，向量 n 为垂直指向接触面外侧的法向向量，向量 s 和 t 为接触面上的切向向量，假设切向向量的值大小相等。

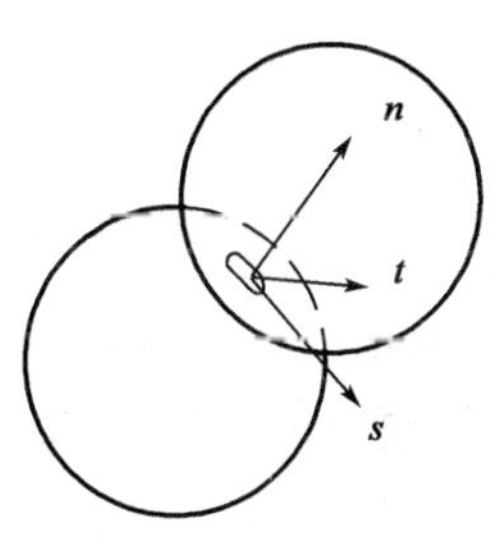

图 9-2　颗粒之间的接触面

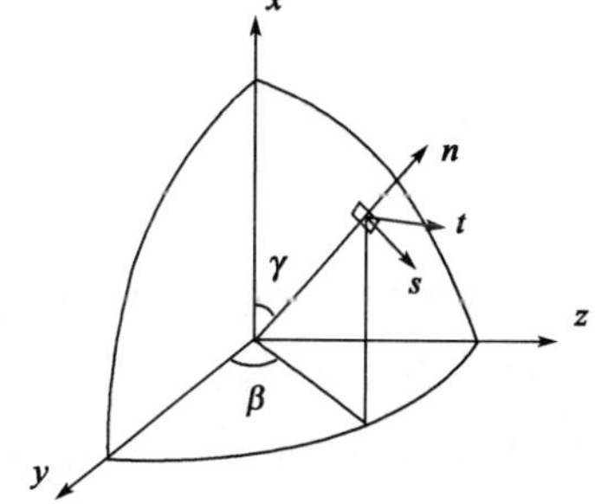

图 9-3　局部坐标系下的接触面

局部坐标系中有如下公式：

$$\begin{cases} n = (\cos\gamma, \sin\gamma\cos\beta, \sin\gamma\sin\beta) \\ s = (-\sin\gamma, \cos\gamma\cos\beta, \cos\gamma\sin\beta) \\ t = (0, -\sin\beta, \cos\beta) \end{cases} \tag{9-3}$$

将式(9-3)代入式(9-2)得：

$$k_i^{ae} = \cos\gamma\sin\gamma\cos\beta(k_n^{ae} - k_r^{ae}) \tag{9-4}$$

其中,β、γ 在 0°～90°范围内随机取值,使得 k_i^{ae} 取到 n 个值。

弹性刚度值 k_n^{ae} 和 k_r^{ae} 通过以下两式确定:

$$k_n = k_{n0}\left(\frac{f_n}{G_g l^2}\right)^n \tag{9-5}$$

$$k_r = k_{r0}\left(\frac{f_n}{G_g l^2}\right)^n \tag{9-6}$$

式中:k_{n0}、k_{r0}、G_g、n 为常数;f_n 为未知量。

以上过程可以求出 n 个 k_i^e。

9.2.3 塑性本构特征

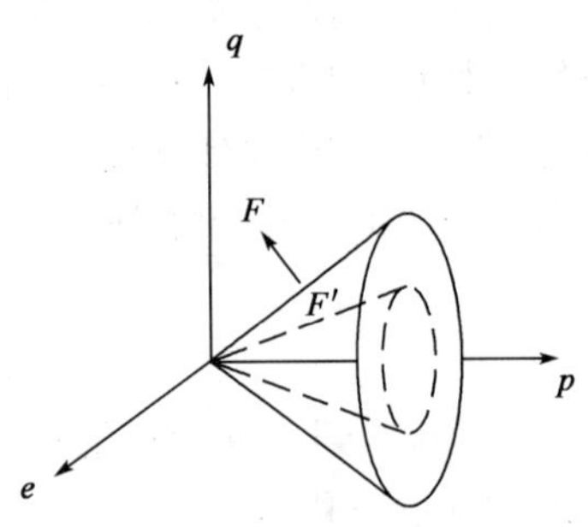

图 9-4 M-C 在 p-q 坐标系下的屈服面

随着所施加的应力的增大,应力导致的应变也要相应地增大,达到材料的屈服强度以后材料进入塑性阶段。这里我们研究软土的塑性本构特征,包括屈服函数、硬化法则和流动法则。基于滑动摩擦理论,在微结构本构模型中引入摩尔—库伦屈服准则来反映软土的力学特性,屈服面示意图如图 9-4 所示。

9.2.3.1 屈服函数

屈服函数是用来描述材料的屈服面的数学表达式。在局部应力坐标系下塑性屈服函数 $F(f_n, f_s, f_t)$ 为:

$$F = T - f_n h(\Delta_p) \tag{9-7}$$

式中:$h(\Delta_p)$ 为硬化函数;Δ_p 为接触面上的塑性滑动位移,由下式确定:

$$\Delta_p = \sqrt{\delta_s^2 + \delta_t^2} \tag{9-8}$$

切向应力由下式确定:

$$T = \sqrt{f_s^2 + f_t^2} \tag{9-9}$$

9.2.3.2 体胀和体缩

土体存在孔隙,所以导致土体受力时会产生明显的体积变形。体积变形包括弹性体缩变形和塑性体缩变形两部分。大量试验表明,土体受到静水压力增量时会产生体积收缩增量,当静水压力处于卸载状态时,弹性体缩变形部分可以恢复,即土体发生部分体积变形回弹。此外,静水压力的变化会导致剪切刚度的变化以及剪切应变的变化,这是一种耦合作用,称为土的压硬性。

在剪切应力作用下,土体产生弹性剪应变和塑性剪应变,也会发生体胀变形和体缩变形,称为剪胀和剪缩,这也是一种耦合作用,并且是土体变形的一个重要特征。土体在剪切应力作用下应变增加,一般情况可能会发生剪缩或剪胀现象。因为土体存在孔隙,所以土体受剪时颗粒的位移有相互错动的趋势,伴随有体积变形和剪切变形的发生。松砂、正常固结黏土的颗粒容易错动到相邻的孔隙中,于是发生剪缩现象;紧砂、超固结黏土颗粒相互移动到另一些颗粒周围,出现叠架而不易填充到相邻的孔隙中,于是发生剪胀现象。当剪切应力处于卸载状态时,土体的剪胀和剪缩会出现部分回弹现象。这里,通过下式来反映土体的剪胀、剪缩现象:

$$\frac{\mathrm{d}\delta_n^p}{\mathrm{d}\Delta_p}=\beta\left(\frac{T}{f_n}-\tan\varphi_0\right) \tag{9-10}$$

式中：β、φ_0 为常数；当 $\mathrm{d}\delta_n^p>0$ 时，土体表现剪缩现象，当 $\mathrm{d}\delta_n^p<0$ 时，土体表现剪胀现象。

9.2.3.3 硬化与软化

大量试验结果显示，应力与应变的关系曲线表现为硬化和软化两种形态。在三轴试验得出的$(\sigma_1-\sigma_3)-\varepsilon$曲线中：硬化状态曲线例如软土和松砂的应力应变曲线表现为一直上升的趋势直至破坏；软化状态曲线例如超固结软土和紧砂的应力应变曲线，则表现为先上升，当应力达到最高点后又下降，而应变一直增加直至破坏的规律。颗粒排列紧密的紧砂受剪时，发生剪切变形，也会发生剪胀，此时土体表现为较高的抗剪强度。因为土体颗粒必须克服颗粒间的"咬合力"才能相互错动。之后颗粒的滚落、棱角的破碎将会克服颗粒间的这种相互力，表现为应变增长强度降低，即为应变软化状态。

正常固结土和松砂当受到剪力作用时，土体颗粒容易发生错动，填充到相邻的孔隙中去。同时发生剪缩现象，颗粒与颗粒更加紧密，应变增加强度提高，即应变硬化状态。硬化与剪缩、软化与剪胀经常同时发生，说明两者之间有一定的联系，但也不是必然联系。试验结果表明，软化现象往往伴随着剪胀现象，但剪胀土不一定都有软化现象。

这里屈服函数中的硬化（软化）参数 $h(\Delta_p)$ 考虑各向同性，可以按照下式定义：

$$h(\Delta_p)=\frac{k_{p0}\tan\varphi_p\Delta_p}{|f_n|\tan\varphi_p+k_{p0}\Delta_p} \tag{9-11}$$

式中：k_{p0}为常数，φ_p 由下式确定：

$$\tan\varphi_p=\left(\frac{e_c}{e}\right)^m\tan\varphi_u \tag{9-12}$$

式中：φ_u 为一个固定值，是给定土体的内摩擦角；m 为一常数，e_c 由下式确定：

$$e_c=e_{ref}-\lambda\lg\left(\frac{p'}{p_{ref}}\right) \tag{9-13}$$

式中：e_{ref}、λ、p_{ref}、p'均为常数。

9.2.3.4 流动法则

理想塑性和弹塑性材料的塑件应变增量方向一般与应力增量方向不一致，而是与屈服函数或者塑性势函数有关。Mises塑性位势理论是由弹性势理论推导而来的。理论假设材料处于塑性流动状态时存在塑性势函数，塑性势函数可以是应力的函数 $Q(\sigma_{ij})$，也可以是应力不变量的函数 $Q(I_1,\sqrt{J_2},J_3)$和 $Q(p,q,\theta_\sigma)$。对于在不同应力状态下的加工硬化（或软化）材料，分别具有不同的塑性应变能，塑性势面即为在主应力空间中，将塑性应变能相同的点连接起来形成的曲面。流动法则是关于塑性应变增量的数学表达式：

$$\mathrm{d}\varepsilon_i^p=\mathrm{d}\lambda\frac{\partial Q}{\partial\sigma_{ij}} \tag{9-14}$$

式中：Q为塑性势函数。一般把塑性势函数与屈服面函数不同的流动法则称为不相关联的流动法则，把二者相同的流动法则称为相关联的流动法则。这里假设在加载条件下接触面不发生转动，对于塑性部分位移，土体在接触面上发生法向位移和切向位移，因此假定接触面上法向方向的塑性流动服从不相关联的流动法则，其不相关联的流动法则方程由式(9-10)决定；而接触面上剪切方向上的塑性流动服从相关联的流动法则，即塑性势函数与屈服面函数相同。

$$\mathrm{d}\sigma_i^p = \mathrm{d}\lambda \frac{\partial F}{\partial f_i} \tag{9-15}$$

9.2.3.5 微观力和位移的关系

软土的变形中包括弹性变形和塑性变形两部分。在接触面上可以得到一个统一的弹塑性应力一应变关系。最终的软土颗粒接触面上的力和位移的关系可以写为：

$$f_i^a = k_i^{aep}\delta_i^a \tag{9-16}$$

式中：i 取 n、s、t；k_i^{aep} 为弹塑性统一的刚度，是一个张量，分以下两种情况讨论。

(1)$F<0$ 时，为弹性：

$$k_i^{aep} = k_i^{ae} \tag{9-17}$$

(2)$F\geqslant 0$ 时，为塑性：

$$\mathrm{d}F = 0 \tag{9-18}$$

$$\mathrm{d}F = \frac{\partial F}{\partial f_i}\mathrm{d}f_i - \frac{\partial h}{\partial \Delta_p}\frac{\partial \Delta_p}{\partial \delta_i^p}\mathrm{d}\delta_i^p = 0 \tag{9-19}$$

$$\mathrm{d}f_i = k_i^{ae}(\mathrm{d}\delta_i - \mathrm{d}\delta_i^p) \tag{9-20}$$

将式(9-20)代入式(9-19)得：

$$\mathrm{d}\delta_i^p = \frac{\dfrac{\partial F}{\partial f_i}k_i^e\mathrm{d}\delta_i}{\dfrac{\partial F}{\partial f_i}k_i^e + \dfrac{\partial h}{\partial \Delta_p}\dfrac{\partial \Delta_p}{\partial \delta_i^p}} \tag{9-21}$$

将式(9-21)代入式(9-20)得：

$$\mathrm{d}f_i^a = k_i^{aep}\mathrm{d}\delta_i^a \tag{9-22}$$

其中

$$k_i^{aep} = k_i^{ae} - \frac{\dfrac{\partial F_1}{\partial f_i}(k_i^{ae})^2}{\dfrac{\partial F_1}{\partial f_i}k_i^{ae} + \dfrac{\partial h}{\partial \Delta_p}\dfrac{\partial \Delta_p}{\partial \delta_i^p}} \tag{9-23}$$

根据流动法则：

$$\begin{cases} \dfrac{\partial \Delta_p}{\partial \delta_n^p} = \dfrac{1}{\beta\left(\dfrac{T}{f_n} - \tan\varphi_0\right)} \\ \dfrac{\partial \Delta_p}{\partial \delta_s^p} = \dfrac{T}{f_s} \\ \dfrac{\partial \Delta_p}{\partial \delta_t^p} = \dfrac{T}{f_t} \end{cases} \tag{9-24}$$

9.2.3.6 宏微观之间的转化

建立好微观接触面上的力和位移的关系之后，我们需要将微观接触面上的力转化到宏观的应力，把微观的位移转化到宏观的应变。这种宏微观之间的转化有以下方法：动态约束法

Voigt 假设法，该方法假设应变场的颗粒是均匀的，均匀的应变场的总应变根据一定的运动原理确定，在集合体中每个粒子也在与之运动。颗粒集合体就好像一个弹簧系统，并且是并联的，所以当所有的弹簧同时破坏时，颗粒集合体系统才会破坏。而土体颗粒不是均质的，所以动态约束的方法不适合模拟真实材料的破坏，因为其分析模型较真实材料更加难于破坏。静态约束法 Rucss 假设方法，针对颗粒集合体的应变场的均匀性要求不严格，每个粒子在粒子集合体中的运动根据整体在受力均匀的应力场中的运动原理运动确定。颗粒集合体是一个弹簧系统的等效系统，但是为串联的弹簧系统。因此，静态约束方法的分析结果比真实的材料容易损坏，而且由于土颗粒并不是均质存在的，所以此方法更适合模拟土颗粒间真实的力学行为。

Chang-Hicher 模型使用了静态约束法，但在此基础上进行优化：①假设颗粒间全部能量的和与宏观试样之间的能量守恒，即颗粒接触面上力和位移乘积的总和等于宏观试样上应力和应变的乘积；②静态的优化假设法的应用，以实现颗粒应变场和宏观土体总应变的转化。

宏观应变和微观接触面上位移的关系为：

$$\varepsilon_{ij} = \sum_{a=1}^{n} \delta_i^a n A_{jn} \tag{9-25}$$

其中

$$A_{jn} = \left[\sum_{n} n^a s^a\right]^{-1} \tag{9-26}$$

宏观应力和微观接触面上力的关系为：

$$f_i^a = \sigma_{ij} n^a A_{jn} \tag{9-27}$$

式中：A_{jn}、σ_{ij} 为二阶张量；n、s 为式(9-3)中的一维向量。

9.3　本构方程计算程序的实现

上述过程建立了一个微观弹塑性本构模型，要把这个模型得到的应力-应变关系应用到土体的变形以及强度计算中，首先需要求解本构方程，得出土体的应力应变关系，并将微观的本构模型编制数学程序，才可以实现实际土体的力学行为分析。具体的本构方程的实现过程如下：首先，确定所有的变量包括宏观的应力 σ_{ij} 和应变 ε_{ij}，以及接触面上某一方向的力 f_i^a，位移 δ_i^a。给定一定的应力增量，这时全局坐标系下的 12 个变量中就有 6 个未知变量，假设接触面上有 n 个方向向量，每个方向向量有三个分量，所以局部坐标系下未知量有为 $3n$ 个 f_i^a 和 $3n$ 个 δ_i^a。综上共有 $3n+3n+6$ 个未知量。现在已经确定了未知量的个数，如果确定相等数量的相互独立的方程，即可解出未知量。相同数量的方程具体确定方法如下：

(1)建立在局部坐标下的本构方程。由于在接触面上的任一方向向量上，均有 3 个静力平衡方程，因此可以得到局部坐标系下的本构方程个数为 $3n$ 个，如式(9-16)所示。

(2)根据能量平衡的方法，建立宏观应力和微观接触面上的力的联系，共有 $3n$ 个方程，如式(9-27)所示。

(3)由静态的优化假设法建立宏观应变和接触面上位移的联系，应变是一个对称的矩阵，所以共有方程 6 个，如式(9-25)所示。

这样，就得到了与未知量个数相等的本构方程。再因此通过编写程序求解齐次方程组，就可以求解出所有未知量的值，得到土体的应力-应变关系。

9.4 模型验证

在本文前面的研究中已对湿地湖泊相软土做了大量的室内土工试验并对试验结果进行了分析，本文中对微结构弹塑性本构模型进行验证时直接使用试验数据。为了分析上述所得微结构本构模型是否能够反映湿地湖泊相软土的实际力学本构行为，本节采用标准固结试验和常规三轴压缩试验的数据对本构模型进行验证。模型的本构方程中包含了宏观和微观参数，包括土颗粒的直径 d，弹性的法向接触刚度 k_{n0}，切向接触刚度 k_{r0}，以及颗粒间自锁效应参数 φ_0、m，硬化参数 φ_u、k_{p0}、β，临界状态参数 λ、e_{ref}、P_{ref}。要想使用模型预测得到土体的应力应变关系，模拟试验时就要理解这些参数的含义并给这些参数正确取值。

9.4.1 标准固结试验

试验中依次逐级加荷，荷载等级分为 25kPa、50kPa、75kPa、100kPa、125kPa、150kPa、200kPa、400kPa、600kPa、800kPa，共 10 级。在模型验证中，颗粒之间的法向接触刚度 k_{n0} 为 150N/mm^2，切向接触刚度为 k_{r0} 为 45N/mm^2，假设软土颗粒的直径为 0.01mm。颗粒间自锁效应参数 φ_0、m，硬化参数 φ_u、k_{p0}、β，临界状态参数 λ、e_{ref}、P_{ref}，软土的弹性模量 G_g，这些参数取值如表 9-1 所示。

模 型 参 数　　表 9-1

G_g/MPa	β	φ_0(°)	φ_u(°)	m	e_{ref}	P_{ref}(MPa)	λ	k_{p0}(N/mm^2)
2.5	1	26	26	1.2	0.62	0.8	0.13	22.5

通过这些参数的输入，模型预测结果和标准固结试验的应力应变曲线的对比图如图 9-5 所示。

从图中可以看出模型可以较准确地模拟试验结果，说明此模型可以预测土体在标准固结试验中的实际力学行为。

模型中的参数是根据试验获得的，但在模型验证过程中需要对上述列举的参数进行调整，以期获得更好的结果，应力应变关系的参数影响如图 9-5～图 9-8 所示。可以看出随着弹性模量 G 的增大，对应相同应力时应变是逐渐增大的；随着临界状态参数 λ 的增大，对应同一应力时，应变是逐渐增大的；随着物质常数 m 的增大，对应同一应力时，应变是逐渐减小的。

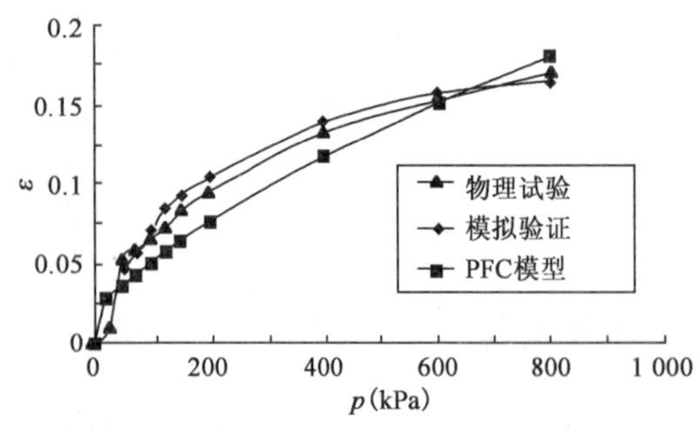

图 9-5　数值模拟结果与试验结果对比

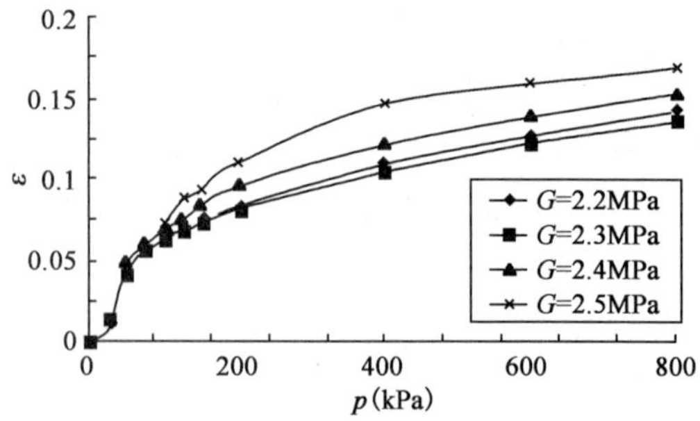

图 9-6　弹性模量对应力应变曲线的影响

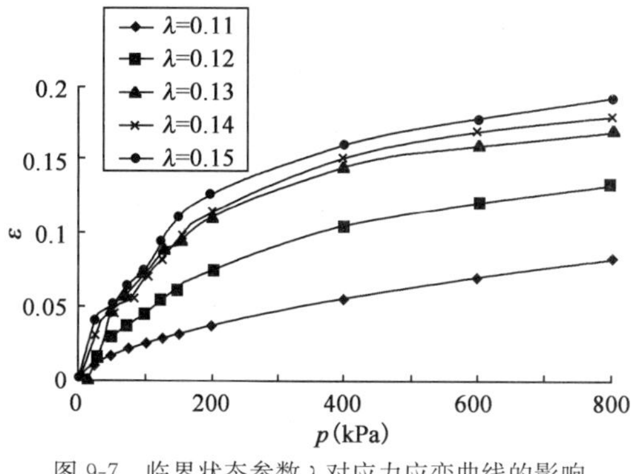

图 9-7　临界状态参数 λ 对应力应变曲线的影响

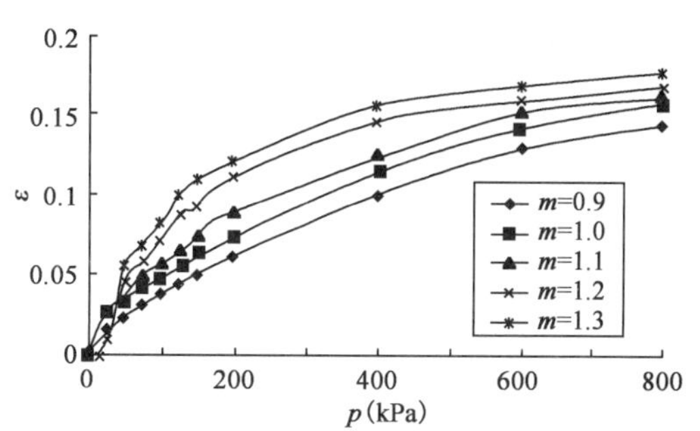

图 9-8　物质常数 m 对应力应变曲线的影响

9.4.2　常规三轴试验

对邢衡高速路基软土土样进行了常规三轴试验并对试验结果进行了分析，试验中分别对土样进行围压为 100kPa、200kPa、300kPa、400kPa 的压缩试验，并得到应力应变曲线。使用试验结果对本构模型进行验证时，参数的确定如表 9-2 所示。

模 型 验 证　　表 9-2

G_g(MPa)	β	φ_0(°)	φ_u(°)	m	e_{ref}	P_{ref}(MPa)	λ	k_{p0}(N/mm²)
2.5	0.8	23	23	0.8	0.457	0.8	0.094	22.5

通过这些参数的输入，模型预测结果和常规三轴试验的应力应变曲线的对比图如图 9-9～图 9-12 所示。

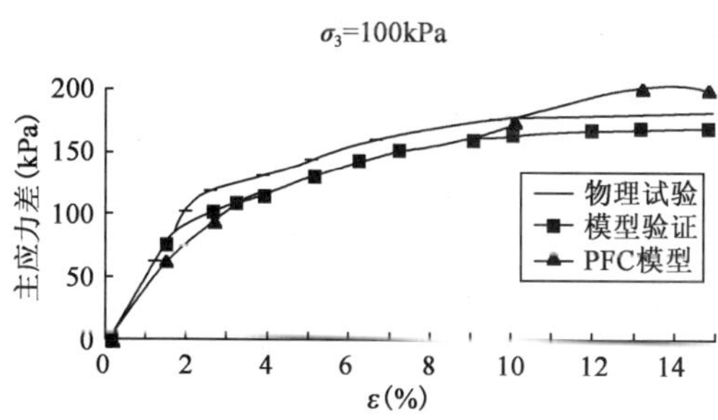

图 9-9　围压为 100kPa 的应力应变曲线

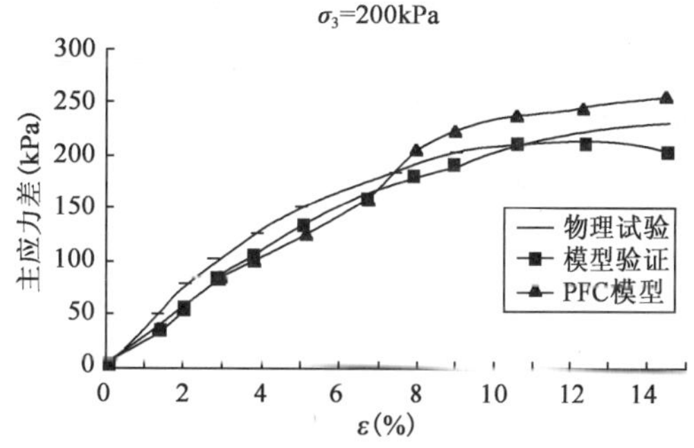

图 9-10　围压为 200kPa 的应力应变曲线

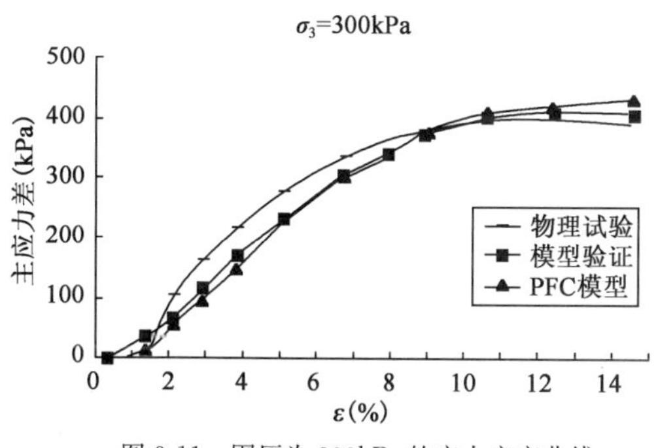

图 9-11　围压为 300kPa 的应力应变曲线

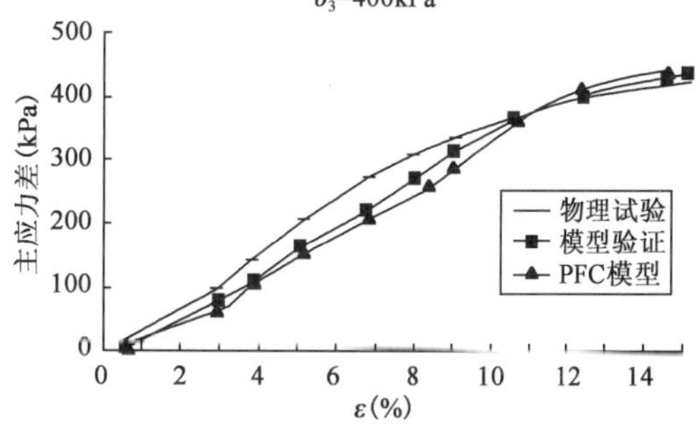

图 9-12　围压为 400kPa 的应力应变曲线

如图 9-9 和图 9-10 所示，模型预测得出的围压分别为 100kPa、200kPa、300kPa 的应力应变曲线和试验结果对比得到了较好的一致性，图 9-11 和图 9-12 所示的围压为 400kPa 的应力应变曲线与试验结果对比有一定的差距，拟合结果不够理想，在轴向应变达到 15%左右时应力趋于稳定。应力应变曲线即$(\sigma_1-\sigma_3)-\varepsilon$ 曲线呈现上升趋势至破坏即呈现应变硬化特性，模型可以较好地反映土体的这一特性。由于邢衡高速路基土样为正常固结黏性软弱土，土体受到剪切作用时，一直发生剪缩现象。在这组不同围压下对应力应变关系的模拟图中，虽然与试验结果得到的曲线趋势是一致的，但在数值上还是没有完全重合，有所偏差，并没有取得十分理想的模拟结果，究其原因可能存在的影响因素有：模型参数如颗粒间接触刚度等的取值有偏差；模拟中的计算精度不够高；软土试样内部复杂的结构特性；物理试验受试验条件等因素的制约导致测量结果也有一定的误差。

9.5 本章小结

本章介绍了一个从微观层面建立的本构模型，该模型可以描述土体变形和强度变化的微观规律，并且结合标准固结试验和常规三轴试验的试验结果对所建立的本构模型进行了验证，结果表明本文建立的微结构弹塑性本构模型能够合理反映邢衡高速软土的本构关系，能够正确模拟不同试验条件下土体的硬化特性以及剪胀、剪缩特性。

与第八章的 PFC 数值模拟结果相比，本章所建立的微结构弹塑性本构模型拟合的准确程度高，表明基于统计物理学理论的微结构接触面模型不仅可以在一定程度上阐述微观结构及其改变，并且具有一定的实用价值，对土力学的研究及工程应用有重要意义。但是模型的计算结果和实际试验结果还是有一定差距，分析其原因：模型验证时所输入的参数都是微观参数，这些参数的确定是通过不断地对曲线进行拟合来调整确定的，所以参数确定有一定的困难导致模型验证不理想。

第 10 章　结论与展望

10.1　结论

本书针对修建在衡水湖湿地地区的邢衡高速工程建设的关键技术问题开展对湿地湖泊相软土微观结构特征研究，力图为路基加固关键技术研究、软土加固设计优化与施工工艺的进一步研究提供研究基础，并为此类工程的工后病害防治提供基础理论依据和实用技术方法。本书结合湿地湖泊相软土的实际特点，通过 X 射线衍射试验、压缩试验、流变试验研究以及土体微观结构分析得到以下结论：

(1)通过室内土工试验得出该地区土的基本物理性质指标：孔隙比较小，小于 1.0；含水率高，大于 30%，但小于液限或者接近液限，液性指数为 0.56；压缩系数 a_{1-2} 为 1.01MPa^{-1}，压缩模量 E_s 为 1.73MPa，说明了湿地湖泊相软土属于中—高等压缩性土。进而通过颗分试验得出湿地湖泊相软土颗粒主要为黏粒，含量为 47.1%，其次为粉粒，含量为 40.9%，从而确定该软弱土的塑性指数比较大，为 10.2；又通过 X 射线衍射试验确定了该软弱土中所含的黏土矿物成分主要为细小的白云母，含量为 19.6%～21.5%，其次为绿泥石、高岭石、伊利石，明显不同于其他地区、不同成因的软土的黏土矿物组成，以上这些说明了湿地湖泊相软土属于中—高等压缩性性土。

(2)通过单轴固结压缩试验与三轴压缩试验的研究得出了湿地湖泊相软土在不同受力状态下的结构屈服应力，湿地湖泊相软土具有明显的结构性，在应力达到结构屈服应力后，该地软弱土的结构开始发生突变或破坏(见第 4 章图 4-6～图 4-9)。同时通过对不同排水条件下湿地湖泊相软土的剪切结构屈服应力研究得出，排水条件影响土体结构强度特征(见第 4 章图 4-10～图 4-12)。

(3)为了模拟工程上的真空堆载联合预压法，对湿地湖泊相软土进行了三轴流变试验研究。在固结排水条件下软土蠕变表现为线性特性，无明显的屈服点，未有明显的土样屈服表现，说明湿地湖泊相软土在真空堆载联合预压方法下不发生次固结沉降，即土体在主固结完成后，沉降达到稳定。

(4)通过对不同应力状态下土样的扫描电镜图像(SEM 图像)分析，湿地湖泊相软土的微观结构类型主要为叠片状结构，即黏土矿物成分主要为细小的白云母。随着固结压力的增加表现为由原状样的片状结构向团聚结构转变；颗粒间以边—边、边—面为主的接触形式向以面—面为主的接触形式过渡；十中孔隙相互连通，孔隙空间被压缩；细小颗粒向大颗粒逐渐集结重聚，颗粒间距减小，大孔隙减少，小孔隙增多。

(5)通过对湿地湖泊相软土压缩试验的微观结构参量分析结果可以得出，湿地湖泊相软土在压缩过程中出现过结构的破坏，该软弱土的压缩过程分为三个阶段：孔隙中气体的压缩、水分的运移阶段；团粒的相对滑移阶段；软土结构破坏与新结构形成阶段。

（6）土体微观结构的分形特征研究表明，湿地湖泊相软土的微观结构具有分形特征，土样被压缩后孔隙平面分维值减小，且随着压力的增大孔隙的平面分维越来越小，表明孔隙的分布面积减小，结构单元体之间排列紧密，土体的密实度增加。

10.2 展望

本书仅从软土微观结构角度探讨了湿地湖泊相软土的微观结构参数特征及其变化，初步定性讨论了软土微观结构参数与软土的宏观物理力学性质的关系。这仅是现代土力学——土的微观结构力学研究的开端，如何建立土的微观结构参数与宏观力学行为的关系，定量化表述二者的联系，仍是本领域研究的重要方向，这也是我们今后进一步需要开展的工作。总之，土体的微观结构研究是一个难度很大的前沿性科研课题，随着这一研究的不断深入，将会推动力学研究进入一个崭新的时代。

参 考 文 献

[1] 王彬，顾凤祥，李学东，等．真空—堆载联合预压法在软土路基处理中的应用[J]．土木工程与管理学报，2012，29(3)：73-76.

[2] 丁慧群．扬溧高速公路软土工程地质特征及处治措施[J]．交通科技，2006(6)：46-48.

[3] 邵勇，阎长虹，许宝田，等．湖相软土流变模型识别及其工程应用分析[J]．岩土力学，2012，33(8)：2 383-2 387，2 394.

[4] 沈伟升．沪宁城际铁路软土地基工程特性及加固技术[J]．铁道勘察，2005(4)：43-46.

[5] 邵艳，王仕传，李长勇．合肥滨湖新区软土物理力学特性相关性分析[J]．工业建筑，2013，43(5)：86-89.

[6] 钱让清，刘中平，刘必胜，等．合芜高速公路软土地基处理[J]．合肥工业大学学报：自然科学版，1998，21(4)：48-54.

[7] 郑军，阎长虹，夏良斌，等．苏州阳澄湖地区淤泥质粘土工程地质特性探讨[J]．工程地质学报，2006，6(4)：592-596.

[8] 张先伟，王常明，李忠生，等．不同地区结构性软土基本性质的对比研究[J]．工程勘察，2010(5)：6-10，93.

[9] 曹传林．湖相沉积软基路堤沉降特性与处理技术研究[D]．西安：长安大学，2002.

[10] 黄新连．真空联合堆载预压处理湖相软土地基的试验[J]．路基工程，2006(1)：77-79.

[11] 许建武．岳阳城陵矶进港道路软土地基沉降特性和稳定性研究[D]．长沙：长沙理工大学，2009.

[12] 曾向军，邓宗伟，高乾丰，等．循环荷载下湖相软土动力特性研究[J]．工业建筑，2015，45(3)：108-114.

[13] 陆海平，夏增明．旋喷加固洞庭湖相软土的试验分析[J]．铁道建筑，1997(12)：23-25.

[14] 唐葭，邓宗伟，高乾丰，等．湖相软土动力特性影响因素敏感性分析[J]．重庆大学学报，2014，37(8)：59-66.

[15] 肖涛．基于集对分析湖相软基处理方案优选及风险评估[D]．长沙：中南大学，2012.

[16] 柳静安．沅江软土工程地质特征[J]．湖南地质，2001，20(2)：114-118.

[17] 宾江宏，王俊．滨湖相软基处理设计[J]．城市道桥与防洪，2011(10)：22-25.

[18] 王晓楠，郭一鹏，刘江涛，等．高原湖相沉积软土地基沉降计算经验系数的推算[J]．工程地质学报，2012，20(6)：1 036-1 041.

[19] 屠书荣，蒋科，黄昕．高原湖泊软土地基特性及其路堤设计施工关键技术[J]．公路工程与运输，2006(11)：93-97.

[20] 王献礼，曲永新，蒋良文，等．云南大理洱海东缘早全新世软粘土的工程特性研究[J]．地质力学学报，2007，13(9)：261-269.

[21] 杨文辉，蒋良文，杨英，等．大理至丽江铁路软土特性及软基处理措施[J]．华北水利水电学院学报，2013，34(5)：77-80.

[22] 张思峰,陈雪峰,李琳,等.工后沉降双指标控制理论在某公路软基处理中的应用研究[J].路基工程,2015(1):84-86,103.

[23] 范文远,陈晓燕,弋晓明,等.高速公路湖相软土地基粉喷桩处治效果研究[J].铁道勘察,2009(1):49-54.

[24] 张思锋,李琳,李怡武,等.济宁地区湖相软土物理力学特性及其固结变形特性研究[J].山东交通科技,2014(3):6-8,23.

[25] 曹江涛.保定地区新近沉积土的类型及工程特性[J].水利与建筑工程学报,2015,13(1):210-214.

[26] 王志国.钉形水泥土双向搅拌桩在路基工程中的应用研究[D].北京:北京建筑大学,2009.

[27] 魏家有,高书存,兰孝龙.土微观结构的研究综述[J].林业科技情报,2010(3):47-51.

[28] 胡瑞林.粘性土微结构定量模型及其工程地质特征研究[M].北京:地质出版社,1995.

[29] Collins K,Megown A. The form and function of microfabric feature in a variety of natural soils[J]. Geotechnique,1974(2).

[30] Chen Z J. Strueture mechanics of clay[J]. Scientia Siniea,1959(8):93-97.

[31] 高国瑞.兰州黄上显微结构与湿陷机理探讨[J].兰州大学学报,1979(1):123-134.

[32] Wu Y X. Quantitative approach on microstructure of engineering clay[C]. 6th Congress of IAEG, 1990.

[33] 刘松玉.试论粘性土粒度分布的分形结构[J].工程勘察,1992(2):1-4.

[34] 胡瑞林.粘性土微结构定量模型及其工程地质特征研究[M].北京:地质出版社,1995.

[35] 蒋明镜.结构性粘土的本构模型和土体逐渐破损分析[D].南京:南京水利科学研究院,1996.

[36] 齐吉琳.土的结构性及其定量化参数的研究[D].西安:西安理工大学,1999.

[37] 胡再强.黄土结构性模型及黄土渠道的浸水变形试验与数值分析[D].西安:西安理工大学,2000.

[38] Osipov V I, Nikolaeva S K, Sokalov V N. Microstructuralchanges associated with thixotropic phenomena inclaysoils[J]. Geotechnique,1984,34(2):293-303.

[39] 温耀霖,潘健,吴湘兴.珠江三角洲软土的微观结构与力学特性[J].华南理工大学学报:自然科学版,1995(1):144-152.

[40] Bai X, Smart P. Change inmicrostructure of kaolin in consolidation and undrained shear[J]. Geotechnique,1997,47(5):1 009-1 017.

[41] Liu M D, Carter J P. Virgin compression of structured soils[J]. Geotechnique,1999,49(1):43-57.

[42] Katti D R,ShanamugasundaramV. Evolution of microstructure during swelling in expansive clays [J]. Computer Methods and Advances in Geomechanics,2001:533-537.

[43] Dudoignon P,Pantet A,Carra L,et al. Macro-micro measurement of particle arrangement in sheared kaok in icmatrices [J]. Geotechnique,2001, 51(6):493-499.

[44] 王梅,白晓红,梁仁旺,等.生石灰与粉煤灰桩加固软土地基的微观分析[J].岩土力学,

2001(1):67-70.
[45] 孔令伟,吕海波,汪稔,等. 湛江海域结构性海洋土的工程特性及其微观机制[J]. 水利学报,2002(9):82-88.
[46] 颜志平. 高水速凝材料-软土微观结构的 SEM 研究[J]. 岩土力学,2004(2):275-278,282.
[47] 谢海澜,王清. 粉煤灰加固处理吹填泥浆的试验研究[J]. 岩石力学与工程学报,2005(10):1 811-1 816.
[48] 周翠英,牟春梅.基于微观结构的碎石桩软基加固影响半径分析[J].岩土工程学报,2005(7):755-758.
[49] 田晓峰,张大捷,侯浩波,等.矿渣胶凝材料稳定软土的微观结构[J].硅酸盐学报,2006(5):636-640.
[50] 张留俊,黄晓明,王攀,等.泥炭的微观结构及工程性质[J]. 中国公路学报,2007(1):47-51,117.
[51] 陈慧娥,王清. 水泥加固不同地区软土的试验研究[J]. 岩土力学,2007(2):423-426.
[52] 杨爱武,杜东菊,赵瑞斌,等.水泥及其外加剂固化天津海积软土的试验研究[J]. 岩土力学,2007(9):1 823-1 827.
[53] 邢皓枫,徐超,叶观宝,等.水泥加固高含盐软土的强度和微观结构研究[J]. 同济大学学报:自然科学版,2008(12):1 606-1 610.
[54] 李丽华,陈轮,高盛焱,等.三江平原沼泽土微观特性试验研究[J]. 岩土力学,2009(8):2 295-2 299.
[55] 周翠英,林春秀,林鲁生,等.外荷载作用下软土压缩模量的动态演化规律研究[J]. 岩土力学,2010(7):2 040-2 044.
[56] 黄雨,周子舟,柏炯,等. 石膏添加剂对水泥土搅拌法加固软土地基效果影响的微观试验分析[J]. 岩土工程学报,2010(8):1 179-1 183.
[57] 黄雨,周子舟,柏炯,等. 水泥土搅拌法加固冲填土软土地基的微观试验[J]. 同济大学学报:自然科学版,2010(7):997-1 001.
[58] 杨爱武,闫澍旺,杜东菊,等. 碱性环境对固化天津海积软土强度影响的试验研究[J]. 岩土力学,2010(9):2 930-2 934.
[59] 张先伟,王常明,李军霞,等. 蠕变条件下软土微观孔隙变化特性[J]. 岩土力学,2010(4):1 061-1 067.
[60] 张先伟,王常明. 结构性软土的粘滞系数[J].岩土力学,2011(11):3 276-3 282.
[61] 扈胜霞.预压作用下软土微观结构试验及弹粘塑性模型研究[J]. 岩土力学,2013(S2):161-167,173.
[62] 王清,王凤艳,肖树芳.土微结构特征的定量研究及其在工程中的应用[J].成都理工学院学报,2001,28(4):148-153.
[63] 吴紫汪,马巍,蒲毅彬,等.冻土蠕变变形特征的细观分析[J].岩土工程学报,1997,19(3): 1-6.
[64] 王清,陈慧娥,蔡可易.水泥土微观结构特征的定量评价[J].岩土力学,2003(S1):12-16.

[65] 周翠英,牟春梅.软土破裂面的微观结构特征与强度的关系[J].岩土工程学报,2005(10):1 136-1 141.

[66] 刘勇健.珠江三角洲软土地基变形的混沌特性研究[J].岩土力学,2006(1):73-76.

[67] 彭立才,蒋明镜,朱合华,等.珠海地区软土微观结构类型及定量分析研究[J].水利学报,2007(S1):687-690.

[68] 胡华.软土稳态流变参数多因素影响特性试验研究[J].岩土力学,2008(S1):507-510.

[69] 唐益群,张晓晖,赵书凯,等.地铁荷载下软粘土微结构与宏观变形的相关性[J].同济大学学报:自然科学版,2009(7):872-877.

[70] 周晖,房营光,禹长江.广州软土固结过程微观结构的显微观测与分析[J].岩石力学与工程学报,2009(S2):3 830-3 837.

[71] 彭立才,蒋明镜,林奕禧,等.珠海海积软土孔隙分布与应力水平的关系研究[J].同济大学学报:自然科学版,2009(12):1 598-1602.

[72] 蒋明镜,彭立才,朱合华,等.珠海海积软土剪切带微观结构试验研究[J].岩土力学,2010(7):2 017-2 023,2029.

[73] 姜岩,雷华阳,郑刚,等.动荷载作用下结构性软土微结构变化的分形研究[J].岩土力学,2010(10):3 075-3080.

[74] 张宏,柳艳华,杜东菊.基于孔隙特征的天津滨海软粘土微观结构研究[J].同济大学学报:自然科学版,2010(10):1 444-1 449.

[75] 张彦.天津滨海新区软土微观结构特征及图谱研究[D].天津:天津城市建设学院,2010.

[76] 李军霞,王常明,张先伟.不同排水条件下软土蠕变特性与微观孔隙变化[J].岩土力学,2010(11):3 493-3 498.

[77] 张先伟,王常明.一维压缩蠕变前后软土的微观结构变化[J].岩土工程学报,2010(11):1 688-1 694.

[78] 刘勇健,李彰明.软土物理力学性质指标与微结构参数的灰色关联-神经网络模型[J].岩土力学,2011(4):1 018-1 024.

[79] 莫海鸿,王婧,林奕禧.软土真空预压处理有效性的宏微观分析[J].岩石力学与工程学报,2013(S1):2 692-2 697.

[80] Moore C A, Donaldson C F. Quantifying soil microstructure using fractals[J]. Geotechique,1995,45(1):105-116.

[81] 刘松玉,方磊.我国特殊土粒度分布的分形结构[J].岩土工程学报,1993,5(1):23-30.

[82] 李向全,胡瑞林,张莉.软土固结过程中的微结构变化特征[J].地学前缘,2000,7(1):147-152.

[83] 王清,王剑平.土孔隙的分形几何研究[J].岩土工程学报,2000,22(4):496-498.

[84] 胡瑞林,官国琳,李向全,等.黄土湿陷性的微结构效应[J].工程地质学报,1999,7(2):161-167.

[85] 薛茹,胡瑞林,毛灵涛.软土加固过程中微结构变化的分形研究[J].土木工程学报,2006(10):87-91.

[86] 毛灵涛,薛茹,安里千,等.软土孔隙微观结构的分形研究[J].中国矿业大学学报,2005

(5):600-604.

[87] 徐永福,孙婉莹,吴正根.我国膨胀土的分形结构的研究[J].河海大学学报,1997,25(1):18-23.

[88] 柳艳华,张宏,杜东菊.多重分形在海积软土微观结构研究中的应用[J].水文地质工程地质, 2006(3):89-93.

[89] 许勇,张季超,李伍平.饱和软土微结构分形特征的试验研究[J].岩土力学,2007(S1):49-52.

[90] 陈慧娥,王清.水泥加固土微观结构的分形[J].哈尔滨工业大学学报,2008(02):307-309.

[91] 孟庆山,杨超,许孝祖,等.动力排水固结前后软土微观结构分析[J].岩土力学,2008(7):1759-1763.

[92] 张先伟,王常明,马栋和.软土微观结构表面起伏的三维可视化及分形维数的计算[J].应用基础与工程科学学报,2012(1):121-127.

[93] 曹洋,周建,严佳佳.考虑循环应力比和频率影响的动荷载下软土微观结构研究[J].岩土力学,2014(3):735-743.

[94] 寇秋焕,赵素杰,董卿卿,等.河北省衡水市地质环境监测报告[R].

[95] 张素娥,寇秋焕,李志军.河北省衡水市地质灾害分布特征及其成因分析[J].地质灾害与环境保护,2006(4):98-104.

[96] 衡水湖地质遗迹保护综合调查报告[R].

[97] 吕海波,汪稔,赵海林,等.软土结构性的工程效应[J].土工基础,2003,17(2):12-15.

[98] 李作勤.有结构强度的欠压密土的力学特性[J].岩土工程学报,1982,4(1):34-35.

[99] 沈珠江.软土工程特性和软土地基设计[J].岩土工程学报,1998,20(1):100-112.

[100] 成玉祥,杜东菊,李忠良.结构性吹填土压缩变形微观机理试验[J].煤田地质与勘探,2008(4):207-210.

[101] 杨爱武.结构性吹填软土流变特性及其本构模型研究[D].天津:天津大学,2011.

[102] 柴寿喜,韩文峰,王沛,等.用冻干法制备微结构测试用土样的试验研究[J].煤炭地质与勘察,2005,32(2):46-48.

[103] 张汝藩,杨主恩.扫描电镜与微观地质研究[M].北京:学苑出版社,1999.

[104] 奥西波夫.黏土类土和岩石的强度与变形性能的本质[M].北京:地质出版社,1985.

[105] 唐大雄,刘佑荣,等.工程岩土学[M].北京:地质出版社,1985.

[106] 王清.海积软土和吹填土固化机理及地基处理机制研究[D].吉林:吉林大学,2002.

[107] 陈丽华,缪昕,魏宝和.扫描电镜在石油地质上的应用[M].北京:石油工业出版社,1990.

[108] 唐朝生,施斌,王宝军.基于SEM土体微观结构研究中的影响因素分析[J].岩土工程学报,2008,30(4):560-565.

[109] 杨书燕,刘春原.高液限粘土微结构分析与强度机理的研究[J].河北工业大学学报,2002(5).

[110] 夏德深,傅德胜.现代图像处理技术与应用[M].南京:东南大学出版社,1997.

[111] 徐飞,施晓红.Matlab应用图像处理[M].西安:西安电子科技大学出版社,1997.

[112] Mandelbrot B B. The fractal geometry of nature[M],New York:W H Freeman,1982.

[113] 刘熙媛. 基坑开挖过程的试验与数值模拟及土的微观结构研究[D]. 天津:天津大学,2004.

[114] 谢和平. 分形—岩石力学导论[M]. 北京:科学出版社,1996.

[115] 胡瑞安,等. 分形的计算机图像及应用[M]. 北京:中国铁道出版社,1995.

[116] 王珊珊,刘凯,杨艳,等. 软粘土固结变形微观分维指标分析[J]. 西北地震学报,2011,(S1):55-59.

[117] Alekseeva T V. Soil microstructure and factors of its formation[J]. Eurasian Soil Science(IF 0.216), 2007,40 (6).

[118] Nadarajah Ravichandran,Brian Machmer,Hadakopan Krishnapillai,et al. Micro-scale modeling of saturated sandy soil behavior subjected to cyclic loading[J]. Soil Dynamics and Earthquake Engineering,2010 (11).

[119] Yin G Z,Zhang Q G,Wang W S,et al. Experimental study on themechanism effect of seepage on microstructure of tailings[J]. Safety Science,2011.

[120] Jia Xia,Guang-Long Huang,San-Bao Yan. Behaviour and engineering implications of recent floodplain soft soil along lower reaches of the Yangtze River in Western Nanjing, China[J]. Engineering Geology,2006 (1).

[121] Hasan Cetin. Soil-particle and pore orientations during consolidation of cohesive soils [J]. Engineering Geology,2004 (1).

[122] Chang C S,Hicher P Y,Yin Z Y, et al. Elastoplastic model for clay with microstructural consideration[C]. Journal of Engineering Mechanics ASCE,2009.

[123] Tovey N K. Quantitative analysis of electron micrographs of soil structure[J]. International Symposium on Soil Structure,1973.

[124] Chengx H,Janssen H,Barends F B J,et al. A combination of ESEM,EDX and XRD studies on the fabric of Dutch organic clay from Oostva ardersplassen(Netherlands) and its geotechnical implications[J]. Applied Clay Science,2004.

[125] Tovey N K,Krinsley D H. Mapping of the orientation of fine-grained minerals in soils and sediments[J]. Bulletin of the International Association of Engineering Geology, 1992 (1).

[126] Delage P, Marcial D,Cui Y J et al. Ageingeffects in a compacted benonite:a microstructure ap-proach[J]. Geotechnique,2006.

[127] Tomac I, Van Impe W F, Flores R D V, et al. Binder-soilinteraction in cement deep mixing through SEM analysis[C]. Proceedings of the 16th International Conference on Soilmechanics and Geotechnical Engineering,2005.

[128] Jiang M J,Yu H S,Leroueil S. A simple and efficient approach to capturing bonding effect in naturally micro-structured sands by discrete element method[C]. International Journal for Numerical Methods in Engineering,2007.

[129] Kong L W,Luo H X,Tan L R. Fractal study on pore space distribution of red clay in

China[C]. Proceedings of 10th Asian Regional Conference on Soil Mechanics and Foundation Engineering,1995.

[130] 李杰.邢衡高速软弱土微观结构特征研究[D].天津:河北工业大学,2014.

[131] 申松.湿地湖泊相软土路基用真空堆载联合预压法代替水泥土搅拌桩法的可靠性研究[D].天津:河北工业大学,2014.

[132] 李镶涧.邢衡高速路基软土的微结构本构模型[D].天津:河北工业大学,2014.

[133] 刘寒宇.真空堆载预压的流固耦合分析[D].天津:河北工业大学,2015.

[134] 张鹏超.湿地湖泊相软土加固离心模型试验研究和对比[D].天津:河北工业大学,2014.